JN195500

Loci［ロキ］- 01 CONTENTS
Landscape Magazine

※カバーイラスト＝渡辺 博

風景をつくる人

撮影＝渡辺 博　文責＝小林哲也

ランドスケープアーキテクトの群像

私たちが外を歩けば、知らず知らずランドスケープデザインに触れている。まちを歩いていてふと出くわす緑の空間や、まちに開いたオープンスペースなどが代表的だ。だがそれらは意味もなくそこにあるわけではない。どれもがコンセプトとテーマを持ってデザインされた空間である。その多くは、ランドスケープアーキテクトがその場所のあるべき姿を読み解き設計したものであるが、そのことを知る人は少ない。アーキテクト自身も、そのことを声高に主張することもない。今回のインタビューを通して感じたことは、ランドスケープアーキテクトに作品をつくるという概念がないことである。そこにあるのは、この場にとって、ここにいる人たちにとって、次の世代にとってふさわしい風景をつくるというひたむきな姿勢だけだ。ランドスケープアーキテクトがつくろうとしている風景は、私たちが「ヒト」から「ひと」に戻れる場所ではないかと思った。彼らの設計に対する姿勢と哲学、そしてランドスケープアーキテクトとして生きてきた半生をお伝えできたらうれしい限りである。撮影を担当していただいた渡辺 博氏の発案で、好きな樹形を描いていただいた。そこにもランドスケープアーキテクトそれぞれの個性が表現されていて興味深い。

（編集・発行人：小林哲也）

寄稿
戸田芳樹

ランドスケープアーキテクトの群像

21世紀前半の半ばを迎えた現在(いま)、ランドスケープデザインの存在価値は社会に大きく受け入れられてきたと言えよう。本書に登場した8人のランドスケープアーキテクトの発言を聞いて、私はそう確信した。

19世紀以降、近代文明の恩恵を受けてきた私たちは物質的に豊かな生活を実現させたが、同時に失ったものも多い。現在、喫緊の課題は地球環境であることは誰もが理解している。この10数年間の加速度的環境悪化は日常生活にも重くのしかかり、取り返しがつかなくなる状況に来ているのは明らかと言える。

その様な状況下、ランドスケープアーキテクトの主要な活動エリアのひとつ「グリーンインフラ」を基盤とした環境づくりが望まれ、その先頭に立って活動することは自明の理であろう。私たちの活動により世界の人々と共に健康な体と精神を備えた生活、「ウェルビーイング」の実現を目指すのがミッションである。人が人間らしく生きるベースをつくり出せるのがランドスケープアーキテクトの営み、そのものに違いない。

この書では登場したランドスケープアーキテクトが自在に話している。ランドスケープの世界に臨んで、「原風景との出会い」「ランドスケープアーキテクトを目指したわけ」「影響を受けた人や出来事」「自分の設計手法」「ランドスケープの社会的関りと将来に向けて」のテーマを独自の言葉で心ゆくまま語っており、読後清々しい気持ちで一杯になるはずだ。
日本にはまだ希望があるのだと。

最初に問う「原風景との出会い」は著者の過ごした子どもの頃の記憶が目の前に生き生きと浮かんでくる内容だ。戦後の高度成長時代を過ごしたランドスケープアーキテクトたちの視線が、変化し続ける日本の風景を捉え、懐かしく語ってくれる。父親の転勤で住居が変った時の視線の変化は誰もが納得するであろう。これらの記憶と現在の活動を重ねれば、ランドスケープアーキテクトの基盤は「原風景」にありと、改めて認識させてくれる。

次に「ランドスケープアーキテクトを目指したわけ」はランドスケープという言語に遭遇した状況が各々ユニークで、その物語は興味深い。他の分野に進もうとした時に出会った人や本の影響により、ランドスケープアーキテクトへの道が開かれた人が多いようだ。土木、建築など、すでにイメージが確定された分野と違い、中身がよく分からないミステリアスな世界がランドスケープだった。この選択は単なる職能の領域を選ぶというより、「我が人生の道」を選択する潔さと深さをこの言語、ランドスケープから感じることができた。

ランドスケープを選んだ理由のひとつは、この分野はアートとサイエンスが融合しており、環境や社会活動に積極的に向き合う新鮮な活動が魅力。さらに、作品をつくるだけでなく、動き続ける社会の一部に関わる表現者として、専門技術を越えた活動に憧れたことで若い頃の姿が見てとれる。

「影響を受けた人や出来事」ではプロジェクトを手掛けている大学教授や会社のボス・上司など身近な人が多いのは当然であろう。学びの中で宇沢弘文氏のような経済学者や近縁の建築家、都市計画家やアーティスト、映画

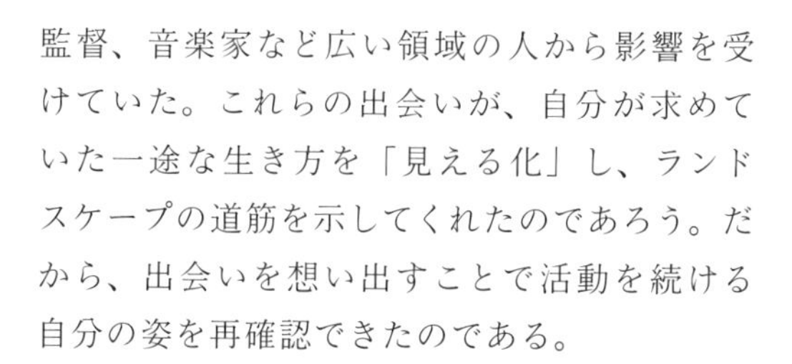

戸田芳樹 Yoshiki Toda
ランドスケープアーキテクト／株式会社戸田芳樹風景計画

1947年広島県尾道市出身。東京農業大学造園学科卒業。東京・京都で庭師の修行後、アーバンデザインコンサルタント（代表黒川紀章）を経て、1980年株式会社戸田芳樹風景計画設立。1989年東京農業大学造園大賞、1995年修善寺「虹の郷」で造園学会賞を受賞。2014年茅ヶ崎市景観まちづくりアドバイザー、2019年ランドスケープアーキテクト連盟会長就任。主な著書「戸田芳樹風景計画景観設計30年」（中国建築工業出版社）、「昭和の名庭園を歩く」「日本庭園を読み解く」（マルモ出版）、「今読み解く日本の庭園」（風景パブリッシング）

監督、音楽家など広い領域の人から影響を受けていた。これらの出会いが、自分が求めていた一途な生き方を「見える化」し、ランドスケープの道筋を示してくれたのであろう。だから、出会いを想い出すことで活動を続ける自分の姿を再確認できたのである。

「自分の設計手法」では、ランドスケープの仕事はひとりではできず、ひとつの答えですべてを解決もできず、社会の課題に柔軟に対応しなければならない。そして、プロジェクトの全体像を見て常に公平な立場で判断し、必要あれば施主の条件すら変えさせる意見を述べることもいとわない。それを実現するには空間設計と制度設計を同時に進めていく、新たな課題も出現したとも述べている。

以上のように、施主と受手であるデザイナーの関係を越えた信頼関係を構築しつつ、大きな意味でのデザイン行為に奮闘するランドスケープアーキテクトの姿を、このインタビューで知ることができた。

「ランドスケープの社会的関りと将来に向けて」では、資本主義が限界を迎えようとしている今、「経済を基盤にした社会ではなく、自然を基盤にした社会への転換」が望まれる。それにはランドスケープアーキテクトが重要な役割を担い、国策として活躍できる分野、主要産業のひとつとしてランドスケープを位置付けたい。この基本的な理念を私たちの誇りとして活動していくべきだと私も強く思った。

ランドスケープアーキテクトはプロジェクトのスタートから参加し、ゼネラリスト側に立ってプロデューサー的視野を持ち、広い領域をカバーしなければならない。それと同時に、異業種やジャンルの異なる人たちと共働することも必要である。また、日本発のランドスケープデザインは日本文化の基盤にある美意識を源とし、人の所作、振る舞い、眼差し、空間作法などをランドスケープデザインで実現して、世界に発信するべきと述べている。

内容をここであまり明らかにしてはいけないが、これらのテーマをランドスケープアーキテクトが肉声のように語りかけてくるのは嬉しい限りである。各自の活動の中で、経験した様々なことが空間や仕組みとして、現実になっていることが言葉の端々からうかがえる。

ランドスケープデザインに興味のある人、ランドスケープアーキテクトとして活動している若い人たち、彼らの座右の書として是非読んでいただきたい。そう思う一冊である。

ランドスケープアーキテクトの
群像

長谷川浩己 studio on site

デザインの出発点は デザインする意味を考えること。

Hiroki Hasegawa
ランドスケープアーキテクト
オンサイト計画設計事務所パートナー
1958年千葉県生まれ。1985年千葉大学園芸学部を卒業後、オレゴン大学大学院修士修了。ハーグレイブス・アソシエイツ、ササキ・エンバイロメント・デザイン・オフィスなどを経て1998年オンサイト計画設計事務所をパートナーとともに設立。
受賞歴／グッドデザイン賞、JCDデザイン賞、AACA葦原義信賞、JLA環境建築賞、土木学会デザイン賞選考委員特別賞など。著書／「つくること、つくらないこと(共著)」(学芸出版・2012年)、「風景にさわる」(丸善出版・2017年)

あなたの 原風景について。

記憶に残る原風景

僕は千葉県柏市の生まれですが、柏は下総台地にあり谷戸がつくる風景が思い出に残っています。谷戸の田んぼ、斜面林、そして丘の上の松林や畑という自然豊かな環境で育ちましたが、同時に高度経済成長期だったこともあり、丘の上がどんどん宅地化されていく様子も目の当たりにしていました。
僕らが遊ぶ場所といえばもっぱら斜面緑地や田んぼの周辺で、森にはリスやウサギが普通に棲息していましたし、野良犬もいて怖い思いをしたことを覚えています。谷戸という高低差のある環境で育ったせいか、いまでも平坦な場所よりヒダのある土地の方が落ち着きます。そのことをことさら意識しているわけではないのですが、これまで設計してきたランドスケープを改めて思い返してみるとそのことが影響しているのかなと思うところもあります。

ランドスケープアーキテクト を目指したわけ。

環境への関心からプランニングへ

ランドスケープアーキテクトを明確に目指そうと思ったのは、大学生の後半でした。僕が中学生から高校生の頃は公害病が社会問題になっていたこともあり、自然や環境に関心を持つようになりましたが、もともと自然や野生動物に関するテレビ番組を見るのが好きな子どもでしたので、自然や環境についてはずっと関心がありました。こうしたこともあり大学は環境という名前のつく学科に行こうと、漠然とした決め方ではありましたが千葉大学の園芸学部環境緑地学科（当時）に進みました。1～2年の教養課程を終えて3年生になると松戸の園芸学部に通うようになるのですが、造園学科を覗いたとき、当時はまだ造園学科が何を学ぶ学科なのかもよく知らない状況だったのですが、そこで図面を描く人がいることを知り、面白そうだなと思ったことを覚えています。
ですが、僕は環境緑地学科でしたので図面を描くような授業はなく、環境緑地学科の中でも比較的造園学科に近いと思ったプランニング系の研究室に入りましたが、卒業を控えた頃から改めてデザインの勉強をすることを決めていました。
実は大学2年の時に留学した友人を訪ねて米国に行ったことがあるのですが、それ以来ずっと海外に憧れ、デザインを勉強するなら米国でと決めていました。留学費を用意するために1年と数ヶ月間社会人として働き、渡米しました。

デザインすることに悩み続けた3年間

日本を出たいという想いとデザインに対する好奇心が半々という気持ちで留学したこともあり、卒業はしたもののデザインをする意味がわからなくなるという状態に陥ってしまいます。ランドスケープデザインは何のためにあるのだろうかと。デザインをしなくて

影響を受けた
人、本、言葉、プロジェクト。

も風景はあり、その風景をつくっているのは人々の営みであって意図的にデザインする意味はそもそも何なのかと考え込んでしまったわけです。けれども自分が何をしたいのかわからない状態で帰国はしたくないという想いがあり、米国で設計事務所に就職はしたものの毎日悩みながら仕事をするという状態でした。ですが、デザインを辞めようと思ったことは一度もなかったです。ランドスケープデザインは社会に必要だという確信がありましたし、自分に向いているとも思っていました。ただデザインをすることに対して、自分が納得できる理由が見つからなかったということです。
このような状態が3年ほど続きましたが、ランドスケープアーキテクトになることを真剣に目指したのもこの頃です。この間、たくさんの本を読みました。でもデザインに関する本は意外と少なくて、僕は生粋のデザイナーとは言えないのかなと思うところもありますが、それが僕の立ち位置だとも思っています。
米国には大学院で3年、仕事として6年半ほどいましたが、就職した最初の3年間が最も悩んでいてジタバタしていた時期でした。その事務所を3年で退社し、ジョージ・ハーグレイブスの事務所に入り、彼の下で仕事をするなかでランドスケープデザインは結果をつくらなくていいのではないか、動き続けている過程の一部をつくることではないかということに気づくことができました。それでも風景は人々による無意識の産物であり、絶えずたくさんの人たちがさわっているわけですが、意識的にさわるのがプロフェッショナルの仕事だという考えに至りました。
人間はプランニングをする動物です。プランニングとは先を見ることであり、そのためには意識的にならなければいけない。ランドスケープデザインは人々が無意識に見ていることを意識的に捉えて、次のステップのためのベストムーブは何かを考えることだと思っています。

影響を受けた書物

グレゴリー・ベイトソン（Gregory Bateson ／ 1904-1980 ／米国の人類学者・社会科学者）の著書「精神の生態学」からはモノの見方について影響を受けました。そのほか、社会学とか心理学、文化人類学の本からも影響は受けたし、経済学では宇沢弘文氏（1928-2014）が書いた「社会的共通資本」が好きでした。いろいろな本から影響を受けていると思います。世界をどう見るのか、どのように関係し合っているのかといった関係論が好きなのもベイトソンの「精神の生態学」からの影響だと思います。僕がいま大学で教えているランドスケープ概論もデザインの話よりモノの見方です。どのように世界は区切られつながっているのか、どのように関係し合っているのか、それを意識的に見ようということです。形をデザインする前段階の話ですね。

設計で大事にしていること。設計手法。

何のためにデザインするのかを考える

設計する際、一番に考えることは「この仕事は何のためにするのか」ということです。僕らがその場所のランドスケープをデザインする意味を探ります。そして、施主の要望も取り入れ僕らはこういう場所をつくりたいということを伝えます。理想はその場所をどういう場所にするのかというところから関わりたい。例えば星野リゾートの仕事ではリゾート施設をつくることは決まっているけれども、どういう場所にするかはほぼ白紙です。僕らの仕事はここの土地の何を大事にしてつくるのか、宿泊客にどういう過ごし方をしてもらうのかというところから始まります。「星のや竹富島」では島固有の風景を残しながら長く愛され、経営していくためにどういうデザインが必要か。さらに宿泊する人たちをいかに満足させるかということも探らなければいけないわけです。
別の例として、最近関わった京都での再開発があります。デザインの対象は敷地いっぱいに立つビルの足元の敷地全体ですが、僕の理想はその場所にそのボリュームのものができることに対して、本当にそのボリュームでいいのかというところから関わりたかった。ですが、すべてのプロジェクトがその段階から依頼が来るわけではないので、依頼されたこの段階から僕らが関わることで何ができるのかと考えました。考えたことは、地上部分にヒューマンスケールをいかに持ち込むかということです。街を歩く人たちが退屈することなく、いかにして街歩きの一部になれるかということを考え施主に提案し受け入れてもらいましたが、もし施主がそういうことは求めていないと言ったら、僕らはこの仕事はお断りしていたでしょうね。
僕らが呼ばれるときは新しいプログラムが動くときであり、その出発点にいたいと考えるのは、僕ら自身がデザインする意味を納得したいからです。それをやることで何が起きるのか、それはこのエリアにとっていいことなのかということを腹落ちしないと意気が上がらないこともあります。オンサイトとして関わる以上は、やる意味についてすごく考えます。それがスタートのすべてであり、それがないと動けないからです。

風景と景観

僕は景観という言葉は意識的に使わないようにしています。景観という言葉からは化学的、分析的な印象を受けますが、風景という言葉からは人文的な感覚とみんなが生きている世界というイメージを描くことができます。受け取る側も風景と言ったほうが受け入れやすいのではないでしょうか。僕の中では風景＝世界であり、世界の見え方が風景。世界が風景として現れていると考えていますので、世界という言葉もよく使います。
そこにある風景はそれこそ何万年も前からそこに存在していて、形は変わるものの途切れたことは一度もないわけです。いま見ている風景を辿っていけば、あたかも血筋を辿れるように過去とつながっていて、いまある風景はあるべく理由があっていまあるわけです。現在、オガール紫波のランドスケープをデザインした岩手県紫波町で、廃校になった小学校を一次産業の拠点にする公民連携プロジェクト（ノウルプロジェクト）に参画しているのですが、小学校が廃校になりそこに新しいプログラムが乗せられたときに、当然その風景は変わります。遡れば小学校が建つ前、そこは畑だったかもしれないし、それ以前は野原だったかもしれない。
風景が変わるときというのは、その場所に対する人間のニーズによるものであるし、そのニーズが変わるときは既にあるものとの関係性を組み直す必要があり、それが新しい風景として現れてくるわけです。

ですが、その場所のベースの部分は何ら変わらない。例えば水や風の流れ、その場所が高台にあるのか低地にあるのかという部分は変わらないわけで、そのベースに対して素直にデザインをすることが大事だと考えています。"素直"の意味は無理をしないということであり、それこそが最も合理的な変え方だと思っています。ここで言う"合理的"とは、短期的に利益を生むということではなくて、長期的にその場所が存在し続けられるということです。
形に対しては、それを懐かしむ人は一代でいなくなってしまうかもしれないけれど、その形に至った力はずっと残るはずなので、その力に対しては素直でありたいと思っています。以前は田んぼだったというベースを引き継いだ形になることもあるだろうし、そうはならないこともあるということです。
すべての風景には理由があります。学生にもよく言うのですが、いま見えている風景に理由がないものはありません。必ず何らかの理由があっていまに至っている。次の風景も何らかの理由、さまざまな力が動いて、その力のせめぎ合いの結果として生まれてくるはずです。そうして生まれた風景がすべて理にかなっているかというと、「どうかな」と思うところもありますが、理由があってその風景が生まれているはずです。

僕らの仕事は次の風景モデルをつくること

最近は地方の仕事が多く、面白いなと思うことが多いのですが、それは自立しながら依存し合うという健全な印象を受けるからです。自立したもの同士の相互依存。明治以降日本は、国力増強のために地方から知恵も資源も吸い上げてまずは中央を大きくし、地方に還元するということをしてきました。それは一気に一点突破する時は必要かもしれないけれど、定常飛行に入ったときにはかなり無理があるのではないかと感じています。風景は政治、経済、宗教などさまざまな力に影響されていると思います。風景に対して動く力は場所ごとにそれぞれ異なりますので、ランドスケープデザインも当然そのことに影響されます。
僕はランドスケープアーキテクトの仕事は、次の風景のモデルをつくることだと考えています。例えば星野リゾートさんの仕事で僕らが考えることは、どのような風景をつくれば持続的にお客が来て、かつ地域も存続できるのかということ。それはその土地らしい風景の魅力を考えること、他の観光地の風景を真似しなくてもそれはできるというモデルをつくることです。それが最も素直だし合理的だし、理にかなっていると僕は考えています。
また地域としての軽井沢を例に挙げると、事業者たちの一部は軽井沢に普通にある谷間の風景ではお客を呼べないと考えてしまい、いろいろなことをするけれども、そんな無理をしなくても軽井沢にある木で、軽井沢の地形で、軽井沢らしい風景でこそお客は来てくれると考えることが大事です。そして軽井沢の人たちみんながそう考えることが必要です。自分だけ目立てばいいという考え方は止めて、みんなで軽井沢らしい風景、過ごし方を大事にした経営をすれば軽井沢全体の価値は上がるはずです。みんなが隣との差異化ばかりを気にするから風景がメチャクチャになってしまうわけです。風景は全体像であるにも関わらず、自分の利益ばかりを追って全体の利益のことはあまり考えない。それは資本主義の負の部分ですね。最近は"利他"という言葉をあちこちで聞きますが、次の時代のひとつの考え方になるのではないかと思います。

碇を下ろす場所をつくる

ひとりでいて楽しくないところは、たとえ何人でいても楽しくないと僕は考えています。デザインするう

【上・中】星のや 竹富島
（写真＝吉田誠）
【下2点】紫波町オガール広場
（写真＝左：吉田誠、右＝オガール紫波）

えで考えることは、まずはそこです。そのことを「碇を降ろす場所」という言葉で表現しているのですが、碇を降ろす場所とは“居場所”とも言い換えることができて、ランドスケープデザインは世の中に無数にある居場所の一部をつくることだと考えています。暫定的な居場所が世界を生きていくためには必要であり、ひとりでポツンといることは決して寂しいことではなく碇を降ろして世界と接続しているという感覚になれば、みんながもっと幸せな気持ちになれるのではないでしょうか。
それはさまざまなデザインで解決できると思っていますが、僕らの仕事は最後のひと筆のようなもので、時間を過ごすための仕掛けをつくっているに過ぎません。だから僕の理想は利用する人がデザインを感じるのではなくて、デザインを通してそこの世界を感じて欲しいと思っています。
「なんかあそこ気持ちよさそう」というちょっとした違和感って大事だと思うんです。僕は山によく行きますが、山ではここでコーヒーを飲みたいと感じさせる気持ちのいいスポットに出会うことがあります。山のなかにはごく自然にそういう場所がありますが、デザインするときにはそういう場所が生まれる「種」を意図的に仕込んでおきたいと思っています。ただそれを一箇所だけではなく無数に仕込みたいわけです。と言うのは、気持ちいいと感じる場所は人によって違うし、気候によっても異なります。例えば晴れた日は木陰が気持ちいい、寒い日は日向がいいというように。あそこに座ったら気持ちいいよねというところにベンチを置く。その際に考えることは座り方のポジション。外に向かって座らせるのか、集まっておしゃべりできるような設えにするのか、ベンチひとつで人の振る舞いは変わります。木の下での振る舞いをデザインするとき、デザイナーの個性が出ます。僕はそのデザインがすべての人にフックして欲しいとは思わないけれども、多くの人にフックしてもらえるようなデザインを心がけています。
そしてもうひとつ大事なことは、「場所が人を誘う」ということです。たまたま近くに立ち寄った人に、なるべく「そこ」を居場所として誘うためにはどうするかというところにもデザイナーの個性が現れてくるものだと思います。

ランドスケープに大事なことは関係づくりと配置

僕は、ランドスケープアーキテクトはプロジェクトの川上にいないといけないと常に思っています。すでに完成した建物の周りをデザインする仕事ではなく、全体の関係をつくらないといけない。例えば新しいことが動き出すときには、すでにそこにあるものと新しく入ってくるものとの関係をつくらないといけないし、人と人の関係性や地形との関係などそこにあるものすべてを含めてどうあるべきかを考えるのがランドスケープデザインであると考えています。そうした関係をつくるうえで例えば建築の配置は大事であり、その配置がすでに決まってしまった仕事はできればやりたくないというのが本心です。配置が決まっている時点でランドスケープデザインの仕事は半分くらい決められてしまっているわけです。だからこそ、それを決めるところに僕らはいなくてはいけないと思っています。
いまいろいろな現場で職能や制度が細分化されていて、例えば建築とか土木とか都市計画とか、さらに土木の中でも港湾とか道路とか限りなく細分化されている。それぞれ必要があってそうなっていることも事実ですが、それらのバランスを取りながら全体の風景につなげていくことを提示する職能がランドスケープアーキテクトだと思っています。そのレベルで仕事ができる人が増えないと、世の中の風景が限りなくバラバラになってしまうとさえ思います。
現場での細分化の元を辿ると、プログラムの発注自体が細分化されていることに行き着きます。防潮堤をつくる、道路をつくるというように本来はエリア一体をつくるというプログラムで動くべきはずが、別々に発注されている。パーツではなくエリアをつくるという考え方が必要です。
そうは言ってもすぐに変えられることではないので、当面はそのような仕事に直面したらランドスケープアーキテクトはそこで関係性をつくれる人であるべきだと思います。僕らが偉いという意味ではなく、本来僕らは最初の関係性と配置を考えるべきであり、そのあとはそれぞれの職能の人たちがきちんとつくってくれればいい。特に配置の関係は何よりも大事で、配置を間違えたらランドスケープがいくら頑張ったところで追いつかないということがあることは否めません。箱根山テラスでは、ランドスケープの観点で斜面に建物をどう配置して、どういうテラスをつくるかを決めてから建築設計に入ったわけですが、ディレクターからは「通常とは逆の流れだね」と言われました。もちろん斜面をどう使うか、配置はどうするかについては建築家と議論しながら進めていましたが、この通常と逆の流れがますます必要になると思います。建築や駐車場の配置が決まった後になんとかやってよと言われても、完成度の高い全体像としての風景ができるかどうかは疑問です。

箱根山テラス
(写真＝オンサイト計画設計事務所)

ランドスケープと社会との関わり。

ランドスケープは社会そのもの

社会にはさまざまなイデオロギーがあり、仕組みがあり、当然経済も必要なわけで、そう考えるとランドスケープは社会そのものだと言えると思います。
関わるプロジェクトはすべて社会との関わりで生まれてきている。先にも述べましたが、ランドスケープはプロジェクトごとに最適の解を探し次の社会のモデルを示すと考えていますので、社会と関わらざるを得ないわけです。
プロジェクトベースで言うと、いまの社会を動かしている力に対してデザインを通してみんなが納得できる方向性を探り、それを次の社会の風景、見え方にどうつなげるかという考え方でデザインしています。ランドスケープは社会にどう関わるかという以前に、すでに関わりまくっているのが実態だと思います。

都心とは異なる地方のランドスケープデザイン

地方の仕事は動いている力が明快で課題も明快、関わっている人たちもお互い知った顔であることも多いので、チームみんなで次の風景をつくっているという実感が湧いてきます。ひとつのプロジェクトだけではなく、その後も関わりを持つことができる点もいいですね。岩手県の紫波町もそうですし、籠田公園をデザインした愛知県岡崎市ではデザイン委員会のメンバーとしていまもまちづくりに関わっています。まちづくりという時間のかかるプロセスにずっと関わることで、まちが確実に変わってきているのを見続けることができています。
その一方で地方の仕事をしていて実感するのは、ハードのデザインだけでは何もできないということです。経済を回さなければいけないし、まちの活性化や地域の人たちにどのように利用してもらうかなどいろいろなことを考えなければいけません。ですから、プロジェクト全体から見ればランドスケープデザインなんてほんの一部でしかなくて、すべてのパズルが完成してようやくそのプロジェクトが成功するのであって、広場をつくっただけで成功するものではないということを目の当たりにします。みんなでビジョンを共有しながら絶え間なく関わり続けていかないといけないということを実感しています。

地球にやさしいという欺瞞

ランドスケープデザインの提案で、グリーンインフラとか生物多様性とかという言葉がテーマに掲げられていることがあります。否定するつもりはありませんが、大切なのはその先だと思います。環境保全とか自然保護を多少なりともかじっていた身からすると、環境を考えることは当たり前だと思ってしまいます。さらに言うのならば、結局それは地球のためではなくて人間のためということです。極端に言えば動物も植物も人間なんかいない方がいいに決まっているわけです。僕は植物が無くなったら人間は生きていけるのだろうかという視点で環境について考えていましたから、地球にやさしいという言葉は人間が上から目線で言っている印象を受けるので好きではないです。僕の環境に対する考え方は、自然保護ではなく人間の生存ということです。人間が永く人間として生きていくためにはどうしたらいいのか。そのためには当然、すべての生き物とうまくやらなければいけないということです。

今こそマインドセットが必要

ランドスケープアーキテクトと仕事をしたのは僕らが初めてだったという建築家が、他のプロジェクトで別のランドスケープアーキテクトと仕事をした感想として、「ランドスケープの人って大人しい人が多いですね」と言っていました。僕らはこれまでその建築家とは常に議論しながらつくっていましたから、建築家にすれば拍子抜けしたということでした。
この話を聞いて思ったことは、ランドスケープアーキテクトのマインドセットの切り替えが必要だということです。僕は全体像を見るのがランドスケープアーキテクトの仕事だと思って取り組んでいますが、みんながその想いを持って仕事をすることが必要だと思います。そうすれば世の中の風潮も変わるはずです。
川下に行けば行くほど、デザインは「しないよりはマシ」というレベルになってしまう。オープンスペースとして一番いいロケーションを建築に取られてしまうとか、建物の裏側でいくら頑張っても誰も使ってくれないし、建物との関係性も生まれないということが普通に起きてしまっている。そういう意味では地方の仕事の方がやり甲斐がありますし、地方のやり方がいずれ都心へと流れてくるのではないかとさえ思っています。地方での成功例を見て、ああやればうまくいくのかと都心でも地方のやり方を取り入れる例が増えるのではないでしょうか。

岡崎市のまちづくりの一環で中心市街地に駐車場が虫食いみたいにあり、それをどう整理したら人が楽しく歩けるエリアをつくることができるかということを考えているのですが、ここではオセロを次々にひっくり返すように各所有地オーナーを説得して歩く人が重要になってくるわけです。彼らが動く際、最終形のあるべきビジョンを示さなければオーナーの説得は難しく、ランドスケープアーキテクトとして好ましいビジョンを提案したりしています。
ですが僕はランドスケープアーキテクト全員に同じことをして欲しいと思っているわけではありません。彼らの中にはプロデューサー的な動きが得意な人もいるでしょうし、あるいはデザインに特化し、まるで孤高のアーティストのようにデザインに向き合っている人もいるでしょう。僕は個々のキャラクターがあっていいと思っています。とにかくその人なりの参加の仕方で全体像を示し、ビジョンを共有したチームづくりができればランドスケープデザインはすごく面白くなるはずです。ランドスケープアーキテクトは全体を見ることができ、かつ説得力がある人であって欲しいと思っています。

籠田公園

中央緑道

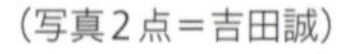
（写真2点＝吉田誠）

将来のランドスケープアーキテクトに向けて。

若い人に向けて

僕はこれまで15年ほど大学で教えていて、またオンサイトから独立した人もいます。そういうことを考えると、全体を見て関係性をちゃんとデザインできる人を輩出したいと思っています。ランドスケープアーキテクトは関係性を考えなければいけないことは伝えていきたい。そして仕事が細分化されているからこそ、全体像を見ることができなければいけません。ですから若い人にはプロモーションのやり方であるとか、その土地の生業、その地域の経済の仕組みなどプロとある程度の話ができるくらいの知識は持って欲しいと思っています。そして全体を公平に見ることができる目も必要です。
僕らは自分だけの利益で動いているわけではないし、自分の職能を大きく見せたいわけでもありません。地域の人たちにとって何が一番いいのかと、常に公平な立場で見ることができるはずです。それはランドスケープアーキテクトに必要な視点だと思います。そしてもうひとつ、それは説得する力です。

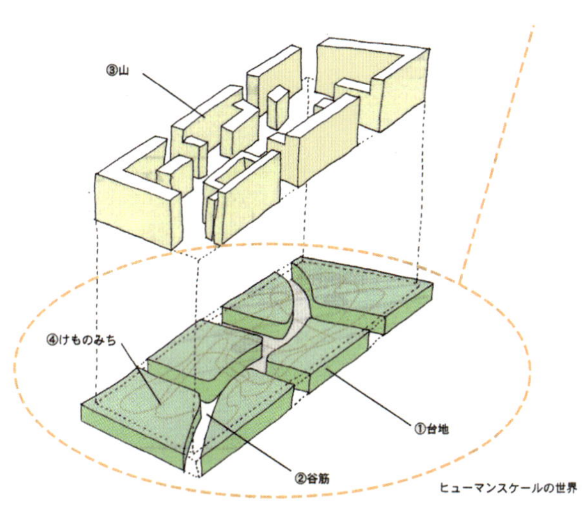

ダイアグラムの例(東雲キャナルコートCODAN)

僕のプレゼンのやり方は、言葉とダイアグラム、それにビジュアルのイメージなどです。特に言葉が大事だと思っていて、簡潔な言葉と簡潔なダイアグラムを使ってこっちに行きましょうよということを話します。説得力を持って全体のビジョンを示せる力がすごく必要だと思います。
僕は米国でデザインを学び、そのまま米国で就職した後日本で仕事を始めましたので、いわゆる日本のやり方を知らないまま日本で仕事を始めたことが逆に良かったのかと感じるところがあります。そういう意味で白紙の状態である若い人たちには期待しています。
今はまだ多くの条件が揃った後にランドスケープが入るという仕事が実際には多いですが、その条件に対しても意見を言えるランドスケープアーキテクトになって欲しいです。施主が納得すれば条件を変えることはできるし、そういうランドスケープアーキテクトが増えれば、自ずとランドスケープアーキテクトは川上に行けると思います。そういう人材を育てたいと思っています。

はせがわ

studio on site

有限会社 オンサイト計画設計事務所

〒105-0014 東京都港区芝3-24-1 駿河ビル5F

TEL.03-5444-3166　FAX.03-5444-3166

H.P:https://www.s-onsite.com/

設立／1993年

代表取締役・パートナー／鈴木裕治　取締役・パートナー／戸田知佐

取締役・プリンシパル／原 行宏、田下祐多　パートナー／長谷川浩己　意匠アドバイザー／三谷 徹

■ ASSOCIATES

丹野麗子｜中村智子｜生田美菜子｜落合洋介｜本田亮吾｜上田啓司｜

■ STAFF

前田智代｜馬渕菜月｜浜田千種｜陸 易平｜長谷川ゆい｜吉田紗英｜呂 永驊｜

■ 主なPROJECTS／1993～2023

｜1994年｜鮎滝カントリークラブ　｜1996年｜播磨科学公園都市・原っぱ　｜1997年｜名取市文化会館シーパイン　｜1998年｜横浜ポートサイド公園　｜1999年｜大沢野健康ふれあい広場、ビックハート出雲及び多目的広場　｜2001年｜東京国際交流館　｜2002年｜星野リゾートコミュニティゾーン、西播磨総合庁舎、多々良沼公園（館林美術館）、いわき市総合健康福祉センター 前庭　｜2003年｜北上市さくらホール　｜2004年｜重慶龍湖・水晶麗城住宅、丸の内OAZO、リゾナーレ・ガーデンチャペルZONA、二番町ガーデン屋上庭園、静岡園芸博浜松館庭園 インスタレーション　｜2005年｜星のや軽井沢、c-MA3 conversion MOTOAZABU、東雲キャナルコートCODAN、COREDO日本橋アネックス広場 リニューアル　｜2006年｜無錫万科城　｜2008年｜ホテル ブレストンコート テラスコテージ、成城大学正門中庭、九州電力本社棟 北館、TBS赤坂サカス　｜2009年｜星のや京都、ハルニレテラス　｜2010年｜立正大学 熊谷キャンパス　｜2011年｜たまむすびテラス、真壁伝承館　｜2012年｜前田産科婦人科医院・繭のいえ助産院、界 熱海、星のや竹富島　｜2013年｜帝京平成大学 中野キャンパス　｜2014年｜箱根山テラス、紫波町オガール広場、東京工芸大学 中野キャンパス　｜2015年｜星のや富士、釜石大町広場　｜2016年｜多治見虎渓用水広場、ケラ池（スケートリンク）、星のや東京　｜2017年｜星のやバリ　｜2018年｜界 遠州「つむぎ茶畑」　｜2019年｜星のや沖縄・パンタカフェ、気仙沼内湾プロジェクト、星のやグーグァン　｜2021年｜籠田公園・中央緑道　｜2022年｜OMO7大阪　｜2023年｜盛岡市動物公園ZOOMO リノベーション

1

2

3

4

5

6

1.盛岡市動物公園ZOOMOリノベーション
2.多治見虎渓用水広場
3.星のや富士
4.平成帝京大学 中野キャンパス
5.ハルニレテラス
6.横浜ポートサイド公園

（写真：1&2&3&5＝吉田誠、4＝木田勝久／FOTOTECA、6＝渡辺スタジオ）

ランドスケープアーキテクトの
群像

平賀達也 LANDSCAPE PLUS

自然を基盤に据えた社会から未来の風景をつくりだす。

Tatsuya Hiraga
ランドスケープアーキテクト
株式会社ランドスケープ・プラス代表取締役
一般社団法人ランドスケープアーキテクト連盟(JLAU)副会長
1969年徳島県生まれ。高校卒業後に渡米。1993年米国ウェストヴァージニア大学ランドスケープアーキテクチャー学科卒業。同年日建設計に入社。2008年株式会社ランドスケープ・プラス設立、現在に至る。環境デザインのプロフェッショナル集団として、東京を拠点にグローバルに支持されるローカルな価値づくりをランドスケープのデザインで実践している。
受賞歴／日本空間デザイン賞KUKAN OF THE YEAR(2024年)、グッドデザイン賞BEST 100 (2024年)、日本土木学会賞デザイン優秀賞(2024年)、豊島区文化栄誉賞(2019年)、日本造園学会賞(2016年・2006年)、日本都市計画学会賞(2016年)ほか。共著書に、パブリックスペースのつくり方(学芸出版社)、公共空間をつくるレシピ(ユウブックス)など。

あなたの
原風景について。

ランドスケープアーキテクト を目指したわけ。

創作の根源にある原風景

生まれは四国の徳島で、海のすぐ近くで育ちました。毎年お盆と正月に帰省しますが、必ず足を向ける場所があります。灯台のある岬で、そこが私の原風景です。半世紀経ったいまも、昔と何も変わっていない場所。これは歳を重ねて実感することですが、子どもの頃から変わらない風景の中に佇むことで、自分が変わったこと、変わらなかったことが見えてきます。また、帰省して仏壇の父に手を合わせたり、古くからの友人と話をしたりすると自分の原点と向き合うことができます。懐かしい場所に行くと自分の存在がその空間に溶け込んでいくような感覚になり、慣れ親しんだ波の音を聞くと忘れかけていた自分の大切な時間が戻ってくるように思います。
私たちのような設計者は、完成した空間で評価されますが、できあがった空間を下支えする技術や知識だけでは人を感動させることはできません。技術や知識の根底には、必ず設計者が何を大事にしているか、美しいと考えるかといった価値観があります。その価値観は、それぞれの設計者がこころの根底に持つ人間としての生き方や在り方といった、その人そのものともいえるオリジナリティとつながって初めて唯一無二の作品をつくり出すことができます。価値観は言葉にして説明できますが、人間としての在り方は言葉にして説明することが難しい。私の考える原風景とは、言葉にして説明することが難しい、自分が設計者として生きるうえで大切にしている御守のようなものです。そしていまでは、私がこの世界と折り合いをつけるために、自然から学んだ独自の距離感やリズムのようなものだと思うようになりました。
生まれ育った場所で会得した自然の空間や時間に対する信頼が、東京を拠点として活動する私の創作意欲を支えていることは確かです。私たち人間のこころの中には、自然とのつながりの中で芽吹く感情の発露のような存在が確実にあって、その感情が一人ひとりの、そして社会全体の風景をかたちづくっているように思います。それが私の考えるンドスケープアーキテクチャーの本懐です。決して押し付けがましくなく、身近な自然のなかにつながりを感じてもらえるような関係性を社会のなかにつくりたいと願いながら、日々の設計活動に取り組んでいます。

親から引き継いだ価値観

私の曾祖父と祖父は地元の教育者でしたが、昭和ひと桁生まれの父は、戦前戦後で自分の父親の言うことが変わってしまったことに深いトラウマを抱えていたようです。第二次大戦後の GHQ による教育改革ですね。そのためか、父には大局に流されることなく常に物事の本質を見て行動するよう育てられました。時代は高度成長期の真っ只中で、全員が同じ方向を見て生きているような社会を嘲弄していたと思います。私自身も教育者の価値観だけを押し付けるような授業に、「いま先生の言ったことは間違っている」と発言するような困ったガキでした。絵を描いたり星を眺めたりするのは好きだったので、現実の世界から少し距離を置いて生きていたのだと思います。
異端を排除する田舎の風土もあったのでしょう、私の人格を全否定する先生たちもいました。でもなぜだろう、自分の考えが間違っているとは少しも思っていなかったですね。学校で何をしでかしても自分のことを全面的に信頼し、肯定してくれる祖母や母の存在が大きかったのかも知れません。
そんな少年は、閉塞感しかない田舎の小さな町を一刻も早く抜け出したくて仕方がないわけです。そのような折、高校1年生の夏休みにつくば市で科学万博が開催されていることを知り、万博に行かずして立身出世ならず、とでも両親にプレゼンをしたのでしょう。つまりは万博を理由に、日本の中心地である東京に行ける千載一遇のチャンスが訪れたわけです。東京の親戚を頼りに、トラックの荷台に滑り込んで徳島から東京までフェリーで 18 時間、初めての東京上陸の場所は晴海埠頭でした。東京に行ってみて衝撃を受けました。書店には世界中の洋書があるし、レコード店にはさまざまなジャンルの音楽が揃っている。美術館に行けば画集でしか目にしたことのない本物の絵をいつまでも眺められる。それまで常にアンテナを張って最新の情報を収集しようと頑張っていましたがやはり田舎では限界があり、東京に行ってみて簡単に有益な情報を手に入れられることにショックを受けました。ただ、バブル直前という時代性もあったのでしょうが、東京の浮ついた感じや海外のモノマネにしか見えない街並みには正直がっかりしました。大学から東京に出てくるくらいなら世界の中心であるアメリカに行こう。東京の地で 16 歳の私はそう決心をしたのです。

地球人としての自我同一性

せっかくアメリカで勉強するならキャンパスで一番気持ちのいいところがいいなと思って決めたのが、小高い丘の上にスタジオがあったランドスケープアーキテクチャー学科でした。出会うべくして出会ったという感じです。授業は厳しくて正直しんどかったです。でも自分の考えを自由に発言できて、クラスメイトとディスカッションしながら、それぞれの価値観を認め合おうとする授業は楽しかったですね。そのようななか、大学 3 年生の時に自尊心を全否定される出来事がありました。
きっかけは、特別講義で招かれた日系人のランドスケープアーキテクト、マス・キノシタ教授との出会いでした。講義後に、担当教員からキノシタ教授に作品を講評してもらいたい学生はいるか、と問われて意気揚々と手を挙げたのが運のつき。全学科生の前で「君は自分のためだけにデザインしている。デザインとは他者のため、社会のためにするものだ。恥ずかしいと思いなさい」と叱責されたのです。アメリカの伝統的なキャンパスプランニングに、日本の庭園的要素を加味したデザインは教授陣の評価も高くて、そのときはなぜ否定されたのかを理解することができませんでした。
冷静になって考えてみると周りは白人ばかりだったこともあり、日本風のデザインをするとリスペクトしてくれるわけです。日本庭園的なデザイン要素をプランに入れたりすると感心するわけですね。私自身は日本の庭園作法について深い勉強もしていないのに知ったかぶりをして発表していた。おそらくそういう態度がキノシタ教授は許せなかったのだろうと思うし、逆にここで鼻をへし折っておいた方が私の将来のために良いと判断してくださったのではないかと思います。しかし、白人ばかりの講堂で、日本人の顔つきをしたアメリカ人からの辛辣な言葉は、同じような顔つきをした私の胸の深い部分に突き刺さり、アイデンティティなき創作の恐怖に怯えたことをいまでもよく覚えています。
創作の確たる根源が欲しくて、大学の図書館に入り浸り、そこで見つけたのがイサム・ノグチの作品と伝記が記された写真集でした。精神的にも参っていたのだと思います。貸出が禁止されていたので図書館に毎日出かけては食い入るようにノグチの作品を見つめました。そして、彼自身が孤独という絶望の淵に立ち、日本人でもなくアメリカ人でもない自分は地球人として生きていくんだという覚悟が、彼の創作意欲を支えていることに強くこころを動かされました。ランドスケープアーキテクチャーは地球人としての視点を持って取り組めばいいんだと気づいたのです。この出来事は、私の設計人生において大きな転機となりました。

影響を受けた 人、本、言葉、プロジェクト。

アメリカで得た技術や知識

これらの気づきは偶然の産物ではなく、当時の時代背景も影響していたと思います。コンピューターテクノロジーによるグローバリズムの台頭です。冷戦後のアメリカでは、地球をひとつの市場と見立て、戦略的に経済や情報の一元化を図ろうとしていました。私がアメリカに留学していた1990年前後は、レーガン政権が情報化社会の到来を見据えてコンピューター産業に力を入れており、全米の大学にコンピューターサイエンス学部がどんどん設立されていました。まだメールなどのネットワーク環境は普及していませんでしたが、学内でも急速にPCを導入し始めていました。

現代ランドスケープアーキテクチャーの基礎をつくったイアン・マクハーグ教授が「DESIGN WITH NATURE」という本を1969年に出版しますが、そのなかで生態学と地域計画を結びつけるために航空写真による敷地分析を提唱しています。私が通った大学でも、プロジェクトの対象地に地形や植生などの情報をレイヤー状に重ね合わせて、どこが開発に適しているか、どこの環境を保全すべきか、ということを設計演習で繰り返し学ぶわけです。そして、この設計手法は軍事産業で発達した高精度の衛星画像データを味方につけて、地球規模で解かざるを得ない環境問題に対してコンピューター解析による開発手法が急速に発達していました。感性から生み出されるデザインと、論理に基づいた科学技術をつなげる設計手法との出会いが、私のなかでランドスケープアーキテクチャーの可能性を大きく広げてくれたように思います。

大学の最終学年では、卒業設計とともに研究論文の提出が求められるのですが「イサム・ノグチと日本」をテーマに論文を書くことにしました。当時のアメリカでは、「グローバル」という概念を用いて地球をひとつの単位として捉える世界観から、デジタルを基盤にした新しい社会を構築しようとしていました。その一方で、百数十年前まで鎖国をしていた日本では、グローバルという言葉の捉え方や空間に対する意識の持ち方が諸外国とは異なるのではないか、という仮説をノグチの作品の変化を通じて立てたわけです。小さな坪庭に大きな宇宙を感じるような文化的特性を持つ日本人は、「ローカル」という概念を用いて森羅万象を捉えようとする自然観を持っているのではないか、というような論考でした。この思考は、その後の私の設計活動において、それぞれの地域が持つ多様性、つまりはローカルな視点を持ってグローバルな全体像を捉え直そうとする姿勢につながっていきます。

日本流儀のマインドセット

卒業後には当時アメリカ最大のランドスケープ設計事務所であったササキ・アソシエイツに入社が決まっていましたが、当時のアメリカはリセッションで失業率も7%と高く、「申し訳ないが、来年の採用枠はなくなった」との連絡がありました。困ったなと思っていたところ、どこでどう調べるのか日本のリクルートが海外留学生向けの就職情報誌を送ってくるんです。日本はバブルの絶頂期。そこに竹中工務店と日建設計だけがランドスケープアーキテクトを名指しで募集していました。日本の就活事情にはまったく無知だったのでゼネコンに勤務していた叔父に相談したところ、「設計がしたいなら日建設計がいいよ」といわれたので東京本社での最終面接を経て採用が決まりました。

入社当時の日建設計は都市計画や建築設計が業務の本流で、ランドスケープの設計といってもビルの隙間を埋めるような仕事が多かった。森羅万象なんてどこにもない、いわゆる「外構」です。16歳の頃に訪れた東京よりも人間と環境との関係性がさらに酷くなっている感じがして、新人研修の席で役員の方が自信満々に高層ビルの話をしたときに、足元の広場がまったく駄目だというような感想を伝えたらものすごく怒られましたね。毎日の仕事でも、私も若かったので頼まれてもいないのに都市スケールから敷地を読み込んで、建築のプランを勝手に変えるような提案をしていました。稀に「これいいね」という人もいましたが、ほとんどは聞き入れてもらえず、ランドスケープアーキテクチャーはもっと社会をよりよくできるのにという苛立ちや焦りしかなかった。
この時期、会社に資料室といって業界の専門誌や過去の原図を保管した場所があって、そこで名作といわれる作品の図面を借りてはトレースばかりしていた時期があります。いま思えば、写経ならぬ図経による修行ですね。名作の図面は、施工者に対して設計者の意図を分かりやすく伝えることに腐心していることが消しゴムの跡で分かるんですよね。非常に難しい納まりを、論理的かつ芸術的な図面にまとめている。そして気づくのです。アメリカでの経験だけを根拠にデザインの提案などしても誰も説得できるわけがないと。キノシタ教授が、「君は誰のためにデザインしているのだ？」と問いかけてくるわけです。自分の技術や知識に基づいた価値観を、それぞれの場所の文化や風土に根差した生き方にまで掘り下げて図面を描き、言葉を紡ぐことの大切さを思い出すのです。

先人の想いを胸に領域を超えていく

日々悪戦苦闘するなかで、日建設計の本社移転先となる飯田橋アイガーデンエアのランドスケープ設計を担当することになります。敷地は皇居と小石川後楽園の中間に位置しており、江戸時代は大名屋敷のあった場所で、工事の前に埋蔵文化財の調査が行われます。私も調査に立ち会ったのですが、江戸の遺構やそれ以前の地層の変化から、対象地における自然と人間の営みが読み取れることに衝撃を受けました。発注者に考古学に詳しい方がいらして、設計に際していろいろと薫陶を受けたことを思い出します。
そのような経緯もあり、かつて敷地内を流れていた川の跡を、現代の緑と風の小径に置き換え、皇居と小石川後楽園の緑をつなげる大胆なマスタープランを提案しました。地域の歴史や自然の再生を開発の目的に据えたランドスケープの提案が、特に地元の重鎮と呼ばれる方々に喜んでいただけたことは新鮮な驚きでした。
容積を最大限に確保したい事業者、容積緩和の決定権を行使する行政担当者、その間に挟まれて四苦八苦する設計者たち。とはいえ日本は民主主義国家ですから、地域や地元を束ねるキーマンを説得できれば行政も設計者の提案を支援する側に回るわけです。説得すべきは行政や社内の人間ではなくて、社会の中にあることを遅ればせながら理解するわけですね。そして、地域社会が直面する課題を長期的かつ広範囲な視点で解く必要があるほど、ランドスケープアーキテクトの対象領域が合意形成の基盤になる

設計で大事にしていること。設計手法。

可能性をこの時に実感しました。
欧州における歴史保全や環境保護の基準に比べると、日本のそれは開発優先の基準になっていることは否めないのですが、だからこそランドスケープアーキテクトとして社会に貢献できることがたくさんあるのです。アイガーデンエアに携わっていた当時は30代前半で、私にとって遅ればせながら納得できるランドスケープアーキテクチャーを完成できたプロジェクトになりました。
あるとき、アイガーデンエアをご覧になった戸田芳樹さんから連絡があり、見学会を行うことになったのですが、その直後に戸田さんが造園学会賞に推薦してくださり学会賞を受賞することができました。その後、ありがたいことに日建設計でそれなりの作品を残すことになるのですが、子どもが生まれたことをきっかけに38歳のときに独立することを決めました。その際にも戸田さんから肩書があったほうがいいよと、ご自身が名誉教授を務めておられる東京農業大学の講師に推薦してくださいました。また、東京工業大学教授の安田幸一さんや、早稲田大学教授の佐々木葉さんからも声をかけていただき、独立後10年の間に、造園、建築、土木の学生たちにランドスケープアーキテクチャーの設計思想や設計手法を伝える機会をいただきました。次代を担う若者との会話から、私の携わる職能がそれぞれの専門領域を横断的に統合できる可能性を実感できたことは掛替えのない経験になりました。生意気な無名の設計者に諸先輩が手を差し伸べてくださったことでいまの私があります。
そして最近は、委員会や審査会に声をかけていただく機会も多くなりました。次代を担う事業者や設計者の価値観や生き方を見定めるこころの目を養うことが、お世話になった皆さんへの御恩に報いることだと信じて、与えられた役割を誠心誠意まっとうするように努めています。

新たなデザイン手法の獲得

独立後、最初に取り組んだプロジェクトが2016年の東京オリンピック招致に向けたマスタープランづくりでした。結局2016年はブラジルのリオで開催することになるのですが、メイン会場となる晴海埠頭を中心に、8km圏内を緑と水のネットワーク化するという提案は、2020年の東京オリンピック招致を実現する上で大きな力になったと思います。世界最大級の人口密度と経済活動を抱えた東京が、世界最先端の技術力と日本ならではの自然観によってサステナブルな都市環境を実現できれば、都市問題の解決に悩む人類全体への大きなギフトになると考えたのです。東京での仕事を重ねるごとに、自然界に見られる樹状パターンと呼ばれる形態原理から都市の構造を考え

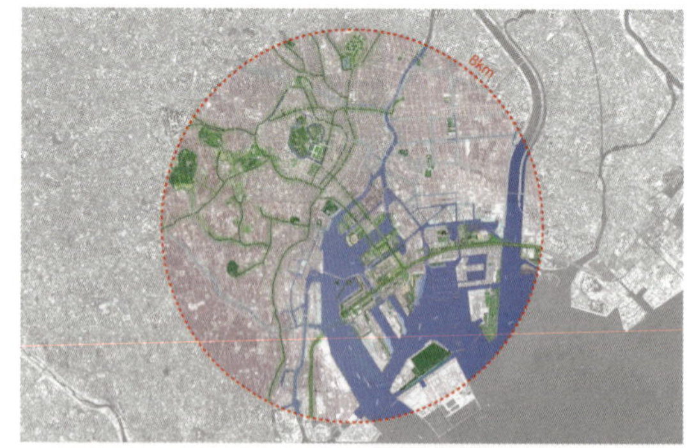

【上】Tokyo Olympic 2016マスタープラン
【下】東京の水脈と地脈から水と緑のネットワークを考える

るようになりました。そうすると、混沌とした救いようのない東京の風景の中にも、ある意志を持った生命体としての姿が見えてくるのです。例えば、現代人の生活習慣病と言われる心疾患や脳血管疾患は、樹状パターンによって覆われた心臓や脳内の血管の一部に負荷がかかり、血流の循環機能が低下した流域内の組織が崩壊し、壊死に陥る病気です。都市における地脈や水脈も同様の繋がりで維持されていると考えれば、循環機能の低下した都市で熱波や豪雨が多発していることや、都市が乾燥することによって感染症が拡大していることに納得がいくわけです。
無機物と有機物の関係性について深く考えるようになったきっかけは、2020年の東京オリンピックロゴデザインで一躍有名になった野老朝雄さんの影響が大きいですね。私が神田川沿いに事務所を構えていた頃、隣が野老さんの作業場で同じ年齢ということもあり、仕事終わりにビールを片手にいろんな話をしました。野老さんはつながることをテーマに幾何学原理に基づいたデザインを得意としていたし、私もつなげることをテーマに自然の形態原理に基づいたデザインを志向していたので、自ずから話はそっちに行くわけです。
ある日、彼の最新作を見せてもらう機会がありました。複雑な幾何学模様で穴をあけた黒い板2枚をぴったり重ねてライティングデスクにかざすと、当然そこには規則的なパターンが浮かび上がります。しかし重ねられた板を円を描くように動かした刹那、そこには曼荼羅模様のような小さな宇宙が現れるのです。有機的なるものは有機的な形態をしているというイメージに囚われがちですが、秩序ある幾何学が動的な平衡状態を保っているということが有機的な形態原理、つまりは生きているという状態を示しているのですね。
常々、ランドスケープアーキテクチャーとは生きとし生けるものすべてのデザインだと考えていましたが、小さな光が命を宿した瞬間を目の当たりにし、我が意を得たりの心境になったのです。自然界には未だ見たこともない変数が星の数ほどあって、自然界を支配している法則性はテクノロジーの進化によって数式に置き換えることができるし、その数式はランドスケープのデザインで確実に解くことができる。そう確信するに至ったのです。

デジタルとネイチャーの相関性

いままさに、AIの進化によって技術革新が加速し、AIを実装した「デジタル・インフラ」が社会サービスの重責を担いはじめています。一方で、老朽化した道路や河川などを持続可能な社会インフラに更新する手立てとして、「グリーン・インフラ」の開発手法に注目が集まっています。これらバーチャルとリアルのふたつの基盤をひとつの意志ある体系に統合していくことが、私たちランドスケープアーキテクトの役割だと考えるようになりました。デジタルとネイチャーは非常に相性がいいのです。なぜなら、AIに経済の原理を習得させようとしても、結局AIは自然の法則から人間社会の本質を学ぼうとするからです。テクノロジーとネイチャーをセットにした社会基盤の可能性を考えるきっかけになったのは、大阪・関西万博のコンセプト策定委員を務めたことからでした。
私は環境デザインの専門家として、政府が掲げる未来社会（Society5.0）という不可解な概念を、リアルな場所に落とし込んで、具体的な近未来の社会像を明らかにしたいと考えました。そこで、関東平野を例に挙げ、狩猟社会（Society1.0）が、12万年前の地球温暖化によって形成された平野と山地の周縁で生まれたこと。そして、農耕社会（Society2.0）が、7千年前の縄文海進によってつくられた洪積台地と沖積平野の狭間で営まれたこと。さらには、工業社会（Society3.0）が、産業革命により大量の物資が

ランドスケープと社会との関わり。

船で運ばれるようになったため海と陸の境界で発展したこと。そのうえで、これらの社会が発現した場所は、生態学でエコトーンと定義される場所にあって、人工による文明の発展と自然における生態系の進化がある時代までは共生していたことを、地球活動の変化によって生成された地勢構造と照らし合わせることで明らかにしました。
地球活動が安定して自然災害の少なかった時代は、人間の思考が自然の法則よりも優位に立つので、テクノロジー（科学技術）が発展します。いわゆる工業社会、情報社会（Society4.0）によって築かれた人工資本が基盤となるグローバル指向の社会です。しかしながら、気候変動に象徴される地球活動の変動期には、自然の脅威が人間の活動を制限するため、エコロジー（生態系）が進化します。いわゆる狩猟社会、農耕社会によって培われた自然資本が基盤となるローカル志向の社会です。日本政府は未来社会（Society5.0）を、バーチャル空間とフィジカル空間を融合した人間中心の社会と定義していますが、気候変動社会のいま、AIは自然優位の生態学的思考によって、社会課題の解決を図ろうとするはずです。
AIが新たな社会基盤としてグローバルに拡張するほど、都市に依存集中する社会よりも、地方に自律分散した社会へと人々を導くようになるのではないか。その理由は明快で、限りある自然資源とともに私たち人間が生きていくためには、すべての科学技術は生態系の一部としてそれぞれの環境で進化せざるを得ないからです。自然資本を基盤に据えた「グリーン・インフラ」と、生態学的な進化のプロセスを支援する「デジタル・インフラ」が融合し、共生したその先に政府が掲げる未来社会Society5.0の風景が見えてくるのではないか。これが大阪・関西万博のコンセプト策定における私からの提言でした。そして、この委員会で思考した未来社会のビジョンが、私たちの事務所における新たなデザイン戦略となっていきます。

環境＋社会＋経済のバランス

環境＋社会＋経済におけるバランスの重要性について話すとき、SDGsのウェディングケーキモデルをよく使います。これまでは、グローバルな経済成長のために自然資源を搾取する社会制度を大きな政府がつくってきたのが工業社会に象徴される20世紀モデルです。これからは、ローカルな環境性能を高めることで地域経済が潤うような社会制度を小さな政府でつくっていこうぜ、というのがウェディングケーキモデルのメッセージです。私たちランドスケープアーキテクトも環境保全にだけ取り組んでいてもダメで、豊かな環境のもとで経済や社会が持続する21世紀モデルをトータルでデザインしないといけない。なぜなら、行政や企業のリーダーは、市民が生きがいを持って暮らせる社会や、社員が誇りを持って働ける経済の仕組みを常に求めているからです。
この課題に先んじて取り組んだのが、2020年に東京都立川市に誕生した「GREEN SPRINGS」です。事業主は、立川駅の北口に100haの土地を所有する立飛グループであり、私はデザインの全権を委託されたマスターデザイナーの立場で、事業の初期段階より、コンセプトの立ち上げから施設配置計画といった事業の根幹を成すプロセスに関わってきました。本事業の陣頭指揮を執られていた村山正道社長からは、都心部の真似事は絶対にするな、地元の人たちに誇りに思ってもらえるような100年続く街をつくってくれ、と頼まれました。
そこで、昭和記念公園に隣接する4haの立地を活かし、敷地中央に圧倒的な緑と水を配した環境を創造し、地域社会の連携強化や、地域経済の拠点創造を目指す持続可能な事業計画を提案しました。持続可能な街づくりとは、容積率を最大化して短期の資金回収を図る経済優先の都市開発ではなく、地域環境に軸足を据えた開発を、空間と仕組みの両輪で動かしていく立飛グループ独自の事業スキームのことです。そして、法定容積率500%のうち、1/3のみを建築面積に充て、残りの2/3をすべてランドスケープに託すという前例なき事業計画が社長の意志により決定されました。結果的に、GREEN SPRINGSでは立川駅周辺のオフィス賃料に対して3倍の値段で床を貸し付けることができています。これこそが、都心の不動産開発では決して真似することのできない、環境＋社会＋経済のバランスが取れた立川版のローカルなウェディングケーキモデルなのです。

空間づくりと仕組みづくりの両立

2024年の春に竣工した前橋の馬場川通りアーバンデザインプロジェクトは、空間設計と制度設計を両立させた地方創生の先駆的な事例です。なんと、地元有志の旦那衆が3億円を拠出して公共工事をやってしまった。国としても地方都市が疲弊するなかで、地元の寄付でインフラの再整備が行われることを歓迎し、新たな補助金制度をつくって支援してくれました。この難解な仕組みを実現させている背景には、行政に代わってまちづくりを担う都市再生推進法人の前橋デザインコミッション（MDC）の存在があります。

完成後も引き続き地元市民によって通りの管理運営を行えるよう、MDCが行政と地権者の橋渡しになって都市利便増進協定を締結します。そのうえで、通りの管理運営資金としてソーシャルインパクトボンド（SIB）という成果連動型融資制度を国内初となるまちづくり事業で採択します。事業の目的を通りのにぎわい創出として位置づけ、前橋市が通行量の増減を成果指標とするSIBを活用してMDCに委託しま

GREEN SPRINGS
【左】敷地にX状に伸びる軸線　【右上】広場全景　【右下】ビオトープ

（写真＝浜田真樹／川澄・小林研二写真事務所）

馬場川通り現場俯瞰

す。整備前と整備後における通行量に応じて、4段階の成果払いを設定し、最も高いA評価を受けて通常の委託金額よりも2倍近い報酬を得ることに成功しているのです。

私自身はデザイン統括者の立場でお声がけいただいたのですが、実際は事業収支を成立させるための空間づくりと仕組みづくりを担っていました。実感として思うのは、地域で信念をもって活動している人がいる限り、私たちのような自然科学に立脚して社会の基盤を再構築しようとする専門家が貢献できる場所や機会がたくさんあるということです。そのためには、地域の人々が願う環境を成立させるための制度を知らなければいけないし、現行の制度にだけ従うことのリスクを説き伏せるだけの知識や覚悟も必要になります。市民の誇りは、地域の経済や社会の規模ではなく、地域の自然や文化に根差して生まれてくるからです。

こうなったら街全体をもっとよくしようということになり、いまは中心市街地のマスタープランを描かせてもらっているのですが、そういう力がランドスケープアーキテクチャーにあることを多くの人々に知ってもらえるプロジェクトになりました。

馬場川通り
【上】夜景俯瞰
【下左】水路とデッキと緑陰
【下右】刻印レンガとベンチ

(写真=浜田真樹/川澄・小林研二写真事務所)

将来のランドスケープアーキテクトに向けて。

未来の力になる風景を描いていく

私の生活と仕事の拠点は23歳の頃から東京にあります。家族や社員、そして多くの仲間に支えられながら仕事ができている環境には感謝しかありません。でもこうして自分の半生を振り返ってみると、徳島やアメリカでの時間が、いまの自分と深くつながっていることに改めて気づかされます。なにせ義務教育に不信感を持つような変わったガキでしたから、若い頃は何でもひとりでできると勘違いせざるを得なかったのでしょうね。それでも、折々にかけがえのない人たちと出会えたおかげで、ここまで生きてこられた。ときどき、アメリカでランドスケープアーキテクチャーと出会っていなかったら、いま頃の自分はどうなっていたんだろうと思うことがあります。それくらい自分のなかでは大きな存在なんですよね。
子どもが生まれてしばらくは、都会で生きている息子の姿を通じて、子供たちの原風景となる空間をつくりたいというのが仕事の原動力だったし、社員が結婚して子どもができると、私たちの仕事と経済や社会の関係性をより深く考えるようになりました。つまり私のすべては、ランドスケープアーキテクトとしての生き方を通じて、自分が大切にしたいと思う対象から日々の気づきや学びを得てきたわけです。そのように歳を重ねるにつれて、自分自身が生み出したと思っていた空間は実は遠い昔からあったもので、ランドスケープをデザインするという作業は、土地の持つメッセージみたいなものが自分を通して過去から未来につながっていくだけなんだと思えるようになりました。名もなき風景を追い求めていたら、いつの間にかキノシタ教授の呪縛から解放されていたのです。
与えられた土地を通じて、大きな自然とつながりたい、過去と未来をつなぎたいと願う感情の発露がランドスケープのデザインに大きな力を与えてくれます。作家性ではなく匿名性を大切にする設計者としての姿勢が、ランドスケープアーキテクトを目指すうえでとても重要な資質だと思うのは、そのような理由からです。完成してすぐに評価されるような空間は恥ずかしいと思ったほうがいい。それよりも未来の人々に感謝されるような空間づくりや仕組みづくりを目指したほうがいい。これが若い世代の人たちに向けた私からのメッセージです。そんなの理想論だよ、と言う人もいるでしょう。しかしAIの進化が社会秩序の根幹を担い、温暖化の進行が人間の生死を左右するようになってからでは遅いのです。一人ひとりが、未来に力を与える風景をともに描いていく必要がある。ランドスケープのデザインは社会のために、そしてあなたが大切だと思う人たちのためにあるのです。

樹状パターン
「神経細胞とか血流など生きとし生けるものには必ずあるパターン。お互いがお互いを補完しながら環境を最大化していく。そこにはコスモがある」

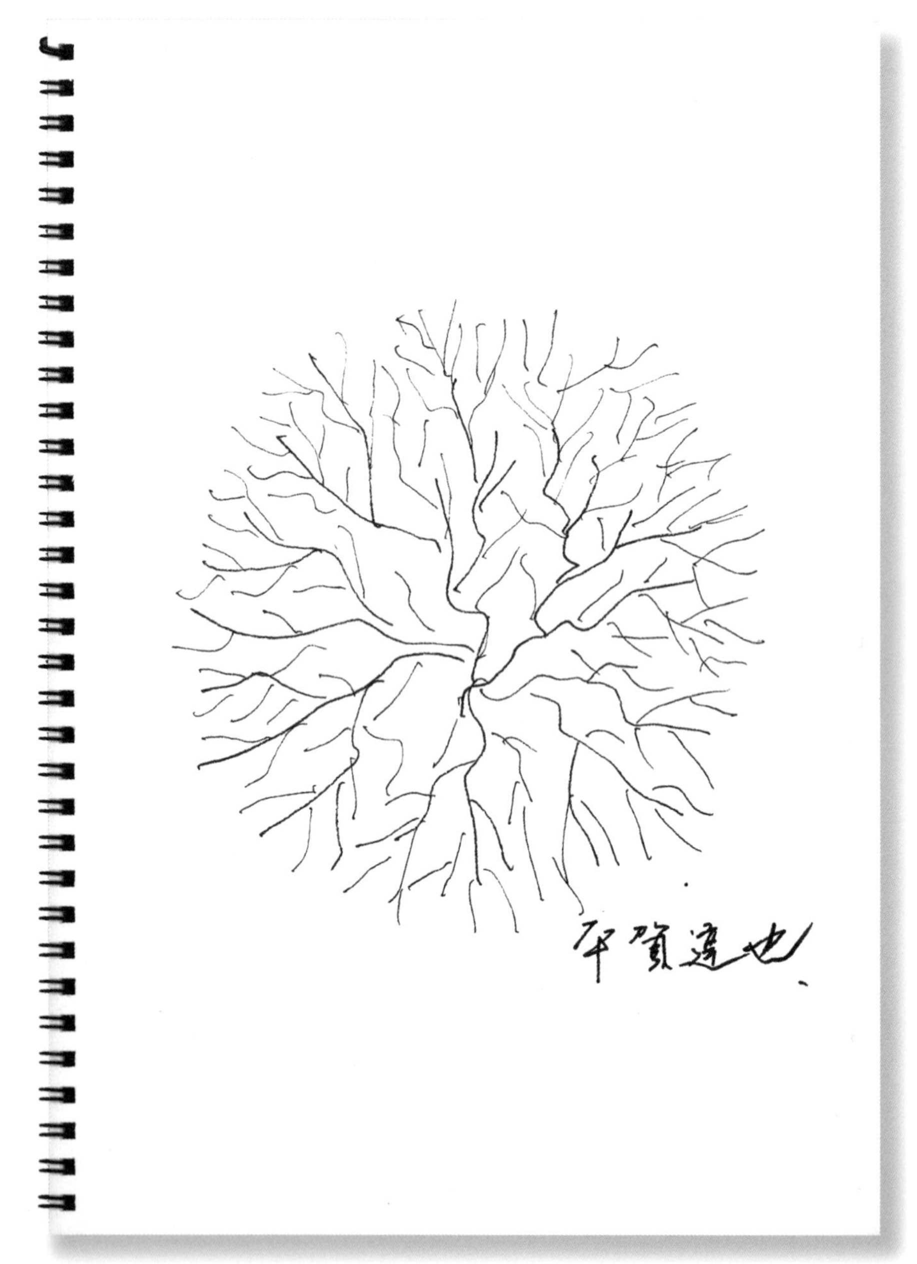

LANDSCAPE PLUS

株式会社 ランドスケープ・プラス
〒162-0805 東京都新宿区矢来町114高橋ビル2F
TEL.03-6280-8051　FAX.03-6280-8052　E-mail:info@landscape-plus.co.jp
https://www.landscape-plus.co.jp/
設立／2008年2月14日
代表取締役／平賀達也

■STAFF

小林亮太｜村瀬 淳｜坂本幹生｜三宅菜月｜岩切菜月｜田中由愛｜板垣範彦｜

■主なPROJECTS／2008～2024

｜2008年｜神田川流域リノベーション計画（2008、2010、2012）　｜2009年｜Tokyo Olympic 2016 グランドデザイン　｜2011年｜地域と生きる家（個人住宅）、東京工業大学大岡山キャンパス、名古屋市 低炭素都市2050なごや戦略、住友商事八重洲ビル＋京橋ビル（2011、2013）、湘南クロス住宅街区（2011、2013）　｜2012年｜GLA八ヶ岳いのちの里、浅草タワー　｜2013年｜池袋都市再生マスタープラン「グリーンループ構想」　｜2014年｜ブローテ横浜高島台　｜2015年｜二子玉川ライズ二期事業、としまエコミューゼタウン、豊島区教育委員会「豊島の森物語」、桜上水ガーデンズ、ライオンズ港北ニュータウンローレルコート、ららぽーと立川立飛　｜2016年｜南池袋公園、新宿ガーデン、ららシティ湘南平塚＋ららぽーと湘南平塚、大和市文化創造拠点シリウス　｜2017年｜ル・シュバル東久留米、京都女子大学図書館　｜2019年｜日本橋三越本館屋上「日本橋庭園」、日本橋室町三井タワー COREDO室町テラス、江北町みんなの公園、池袋西口公園 GLOBAL RING、Wellith One Aoyama、ミライno長崎県立図書館＋大村市立図書館、武蔵学園キャンパス再編計画、ららぽーと沼津　｜2020年｜南池袋公園トイレ棟増設工事、世田谷区立保険医療福祉総合プラザ、ののあおやま、MUNI KYOTO、グリーンスプリングス、東京ワールドゲート　｜2021年｜ブランシティ調布、岐阜市庁舎、COREDO室町テラス ストリートファニチャー計画　｜2022年｜恵比寿ガーデンプレイス グリーンプロジェクト、PLUS DESIGN CROSS グリーンプロジェクト　｜2023年｜Rugby School Japan、原宿クエスト 仮囲いアート計画　｜2024年｜馬場川通りアーバンデザインプロジェクト

二子玉川ライズ二期事業

南池袋公園

ののあおやま

日本橋三越本館屋上「日本橋庭園」

東京ワールドゲート

としまエコミューゼタウン

（写真＝浜田真樹／川澄・小林研二写真事務所）

ランドスケープアーキテクトの 群像

熊谷 玄 stgk inc.

ランドスケープアーキテクトは ゼネラリストの視点を持つ スペシャリストである。

Gen Kumagai
ランドスケープアーキテクト
株式会社スタジオ・ゲンクマガイ代表取締役
1973年横浜生まれ。現代美術作家Studio崔在銀のアシスタント、earthscape inc.を経て、2009年3月株式会社スタジオ ゲンクマガイ設立。ランドスケープデザインを中心に、人の暮らす風景のデザインを行なっている。愛知県立芸術大学(2011~)をはじめ、その他の大学にて非常勤講師を務める。一般社団法人ランドスケープアーキテクト連盟理事。受賞／グッドデザイン賞(2011、2016、2017、2018、2019、2021)、横浜・人・まち・デザイン賞街並み景観部門(2017、2019、2022)など多数。

あなたの原風景について。

ランドスケープアーキテクトを目指したわけ。

体験として記憶に残る原風景

僕は横浜市旭区で育ちました。典型的な郊外でしたが、昭和40年代は大規模団地がすごい勢いで建てられた時代でもありました。一方で団地が建った外側は市街化調整区域となり、建物が建てられないエリアでしたが、道路が通ったときにオンラインにいた人たちの引っ越し先として担保されるような要素が強かったと思います。僕は左近山地区にある市街化調整区域となったエリアに住んでいたので、周辺は野山に囲まれ虫取りなどして遊んでいました。
思い返すと近隣の大規模団地には、僕らとは異なる層の人たちが入居していると子どもながらに感じていましたが、そういう異なる層の子どもたちがマジョリティとなっているような地域だったと思います。団地に住んでいる友だちにはなんとなく違和感を感じながら遊んでいたという特殊な環境で育ったのかもしれません。そのせいか、いつもなんとなく自分には合わないなと思いながら過ごしていたことが記憶に残っています。友だちつくるのも友だちづき合いするのもなんか面倒臭くて、この社会に自分は合わないなと思っていた子ども時代でした。いま思えば、郊外に突然現れた大規模団地によって地域が変わってしまうという社会的につくられた環境の影響をまともに受けていたのかもしれません。
大きな団地はあるものの、共働きの家庭が多かったため日中は誰もいない。大人がほとんどいない街の風景が僕の原風景と言えるのかもしれません。

もうひとつの原風景

僕の父親は登山家でしたので、小・中・高とひたすら山登りに連れて行かれました。それこそ本州の3000m級の山はほぼすべて登りました。そういう意味では山登りも原風景と言えるかもしれません。ですが、当時僕は風景に対してそれほど興味を持っていたわけではなく、団地の公園に設置されていた遊具などのインダストリアルなモノの造形と自然がつくる造形物の違いに気を奪われていました。登山で標高が上がるにつれて植物限界を超え、岩だけになっていくときに見ることができる岩の形などを興味深く観察することが好きでした。槍ヶ岳と前穂高の稜線はなぜ違うのか、それぞれどの部分をカッコいいと思っているのかなどと考えながら歩いていました。
登山自体はキツかったのですが、父と過ごすことができる時間は登山しかありませんでしたので受け入れていましたが、自分がつくるモノが社会にどう受け入れられるのかということをしばしば考えていたように思います。

崔 在銀氏、団塚栄喜氏との出会い

僕はインテリアと建築を学べる専門学校を卒業して1年ほど経った頃にその専門学校を訪れたときに、偶然にも崔在銀さんの講演会があり、せっかくだから聴いていけよということで拝聴しましたところ、その講演内容がとても面白くて、講演後すぐに入れてもらいたいと話し弟子のような形で崔さんのもとで働くことが決まりました。崔さんは、ひたすらに生命について考え、そしてこういうものがあるべきだと想いを語ります。それを具現化するのが僕らスタッフの仕事でした。ですから僕は崔さんになりきり、崔さんが考えていることを形にする役割です。何度も議論を重ね、模型を何度もつくり直しながらひとつの作品を完成させていきました。このようなことが日々繰り返されたのですが、崔さんからは表現することにしっかりと向き合わなければいけないということを教えられました。それは今でも僕の財産になっています。

ですが、崔さんのところにいるということは、崔さんの想いを形にすることだけしかできません。将来のことも考え、友人とグラフィックデザインやインテリアデザイン、ホームページなどを制作するデザイン事務所を立ち上げました。事務所を立ち上げたら仕事を取るための営業が必要になりますが、これまで営業経験がなかった僕らはやり方がわからなかった。そこでパーティをやろうと。クラブなどでパーティを開催して、そこで知り合った人たちから仕事をもらうというひとつの流れをつくることができました。そのときのお客さんのひとりが団塚栄喜さん（アースケイプ代表）です。団塚さんから初めていただいた仕事はアースケイプのホームページをつくることでしたが、いろいろと話しているなかで、お互いに似たような道を歩んでいることが分かり、親近感を持つようになりました。そんなある日、アースケイプに某県立大学のアートコンペへの参加の依頼があり、その際に僕らに声をかけてくれて一緒に取り組むことになりました。いろいろと議論をしていく過程でアートではなくランドスケープをプレゼンしたほうがいいのではないかということになり、そのときに初めてランドスケープデザインに携わったのですが、それを機に団塚さんと一緒に仕事をすることになりました。

僕はそれまで崔さんというアーティストの作品を形にすることが仕事でしたので、自分がアーティストになるという未来は見えていませんでした。ですが、漠然とではありますがデザインを仕事にしたいという想いはありました。そんなときに団塚さんと一緒に取り組んだことがきっかけでランドスケープデザインに対して興味を持つようになり、いろいろと調べてみたところ、それは風景をデザインする仕事だと。風景に意識を向けることはさほどありませんでしたが、面白そうだと直感しました。

現代美術の作品は何も生み出さなければ何も残りません。ファッションもインテリアも建築もつくらなければゼロです。ですがランドスケープデザインは、何もしないという選択もデザインであるというところに魅力を感じています。また、自分のそれまでのキャリアを考えたとき、自分が何かをつくって誰かに認められるというよりは、他者の想いを引き取ってこうあるべきではないかと提示する方が向いていると感じていたので、ランドスケープデザインはまさに自分がやりたかった仕事だとこの道へ進むことを決めました。

影響を受けた 人、本、言葉、プロジェクト。

ワールド・アンダーグラウンド・プロジェクト

崔さんはテーマを「生命」に絞り、それをどう感じてどのように伝えるかを大事にしていました。そんな崔さんのプロジェクト「ワールド・アンダーグラウンド・プロジェクト（World Underground Project）」（1986年から行っているプロジェクトで、世界7ヵ国に和紙を埋めたのち、時を経て掘り起こすとその地域の自然や文化のあり方によって和紙の状態が異なり和紙を通じてその地ならではの模様が浮かび上がるというもの）は、興味深く憧れたプロジェクトでした。ひとつのモノに対してどういう視点を持ちどのように掘り込んでいくべきか、おそらく崔さん自身ゴールが見えてやっているわけではなく、やった先に何か得られるものがあるはずだという感度でプロジェクトが動いている。その考え方は僕の想像を超えています。
ランドスケープデザインにおいても、自分たちはある程度予測はできても予定調和的なラインが引かれない「有り様（ありよう）」をつくりたいと思っています。実験的にデザインすることもあるのですが、ギリギリを考えたいというところは常にありますし、そこにクライアントを巻き込んでいきたい。答えを渡すのではなくて一緒に社会を考える。同時代を生きている仲間として一緒に考えたいと思うところがあります。様々な制約はあるけれども、テーマを持ってその想いを形にするとはどういうことかということを、身をもって学べたと思います。ランドスケープにおいても、事業主からどういう場所にしたいかについて抽象的な言葉を並べられたときに、その言葉を一つひとつ丁寧に拾って、こういうことではないですかと形にして見せる。そしてプレゼンにおいて相手の想定を超える提案をすることができているのは、崔さんのもとで働いた体験が生きていると思っています。

設計で大事にしていること。設計手法。

デザインについて

僕らは平面図を描くのは最後です。まずそこで何が起こるかについての議論から始め、そしてシーンを描く、絵コンテを描くというイメージです。ファニチャーについてもいろいろと考えることが多く、モノのあり方に対してしっかりと考えていくことが大事だと思っています。既製品を使うことはもちろんあるし、それを否定はしませんが、こういうものをつくったら上手くいったという実績の蓄積からつくられたのが既製品だと思っています。もちろんその考え方は大事ですが、それを破りたいと思うところがあって、どうしたらそれができるのかはいつも考えています。

物語をつくる

プロジェクトはひとつの物語だと思っています。ですから全体のストーリーラインをつくります。その場を整備するというのではなく、そこに僕らが関与することでどのような物語が起こり得るのかということをしっかりと考えます。こういう世界観をつくりたいということをまず提案します。そのために現場を見て、与条件を整理することから始めます。
ある金属工場のランドスケープデザインでは、鉄について深く調べるところから始めました。たとえば地球の質量の3分の1は鉄でできていることを知り、その鉄がどういう循環をしているのかということ、そして誰かがどこかでそれを感じることは重要ではないか、ということをクライアントに対してプレゼンしましたが、それこそがこの工場のランドスケープデザインにとって重要なテーマです。そして、錆びていくことをどう受け止めるべきか、また、錆びという現象はどういう影響をもたらすのかということを見せるランドスケープに取り組んでいます。土に鉄板を指して錆びていったときに、その周辺の土壌成分はどのように変遷してどんな植物が生えるのかということをモニタリングすることは、鉄を扱う人たちにとって必要なことだという話をしました。「鉄の機能として期待されていない部分に対して違う視点や感情を持てるのは、まさに鉄に向き合っている人たちですので、これはあなたたちにしかできません」という提案をしてランドスケープデザインに取り入れています。これは、いずれ壊れるランドスケープの提案です。
長いことこの仕事をしていると、その場所にはどういう問題が潜んでいそうだとか、どこに物語の始まりがありそうだとか、直感的になんとなくわかることもあり、そのときはそこを掘り下げます。もしそれが本質からはずれていたら別のところを掘る。デザインの前にそうした作業に取り組みます。

物語を育む仕組みをつくる

ランドスケープデザインには何もしないという選択肢がありますし、削るというマイナス方向の選択もできます。そういうことを意識的に提案することもあります。例えば新潟県の六日町にある旅館「ryugon（龍言）」。ここは以前は団体客

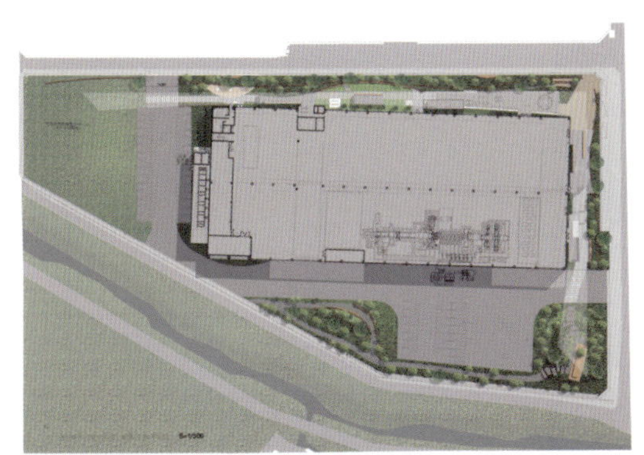

金属工場のパースと平面図（建築設計＝PERSIMMON HILLS architects、パース＝STGK Inc.）

が利用することが多い1泊12,000円程度の旅館だったのですが、そのやり方では経営がたち行かなくなってしまい、オーナーが代わり現在は1泊80,000円から150,000円の高級旅館にリノベーションしました。雪国文化を観光起点にするというテーマで取り組みましたが、建築家とは引き算でやっていこうと話しました。建物も半分ほどに減築し、さらに壁をぶち抜いて風を通すなどこの地域とオーバーラップさせるような建築とランドスケープのあり方を目指そうと考えました。

最初に施主に提案したのは「森を招く」というテーマです。旅館の背後にある坂戸山には、上杉景

「ryugon（龍言）」で毎年間伐する仕組みをつくるために制作した絵本「もりをまねく」（写真＝STGK Inc.）

「ryugon（龍言）」（写真：上・下右＝繁田諭、下左＝STGK Inc.）

勝が居城にしていた重要文化財があり、山の上半分はいい自然が残っている。一方、山の下半分は人工林の杉林になっている。この状況をそのままにして雪国文化の起点になることに無理はないかということと、地域の環境を取り込んでこそ六日町に出掛けてくださいと言えるのではないかということを話しました。まずはまっさらな気持ちになって森を招きましょうと。そして「招くということは身を清めること」がコンセプトになりました。
では、「森を招く」とはどういうことか。提案したのは宿泊料の数パーセントをドネイションとしてプールし、杉を徐々に間伐し、それが毎年できる仕組みをつくるということでした。仕組みのひとつとして「もりをまねく」という絵本をつくり、いろいろな人たちとその想いをシェアし、この旅館に宿泊することで杉林の整備に貢献していることが実感できるようにしようということを提案しました。このことにより長期的にファンを増やすことができるし、短期的には投資家にアピールできます。間伐された杉林が混交林になったらどういう世界が広がるのかという話を題材にした絵本が「もりをまねく」です。この絵本は製本にもこだわり和綴じにしていますが、この制作は旅館のスタッフが担っています。
この旅館には竣工後の現在でも関わっていて、オリジナルのジンをつくろうという計画も生まれました。僕らがつくった森を招くという物語が、最終的にどういう物語につながっていくのかということにずっと関わり続けていけることを嬉しく思っています。

ランドスケープと社会との関わり。

社会が求めるランドスケープアーキテクトに

ランドスケープと社会の関わりはすごく意識しています。社会にとってランドスケープは重要だと思っています。そのことを踏まえてしっかりと取り組んでいけるようにならなければいけない。そのためには、ランドスケープアーキテクトは自分しかいないという場所に出ていくことが必要だと考えています。そういう場所でランドスケープの魅力を語ることができて、異業種やジャンルの異なる人たちとひとつのプロジェクトをつくり上げることができるようになれば楽しい。そういう形で生まれたプロジェクトは頓挫しませんし、変なことにはなりません。
また、ランドスケープはゼロから参加するべきだし、そのためにはゼネラル職でなければいけないと思っています。そして、ランドスケープアーキテクトはプロジェクトの本質を語ることができなければいけないし、ランドスケープとは何なのかということをもっと広義に理解してもらわなければいけない。
僕はランドスケープの教育を受けていないので偉そうなことは言えませんが、ランドスケープという言葉が狭義で語られている気がしてならないです。少なくとも僕は風景をつくる仕事だと思っているので、もっと広義的に語られるべきではないでしょうか。ですから、プロジェクトにおいて建築の配棟に意見を言えるのか、あるいは途中からの参加であっても意見が言えるのかということは重要なことだと思っています。
計画ができ上がった後の残された空間で雰囲気をつくりますということをやり続けることが、ランドスケープアーキテクトとしてそれでいいのかと思ってしまいます。そういうことを繰り返していると、いずれ一つひとつの値段を精査されるような仕事しかできないことになってしまうのではないかと危惧しています。難しいところはあるのですが、ゼネラリスト側に立ってプロデュースするとか、広い領域をカバーできる人がランドスケープアーキテクトだと言いたい。それこそがランドスケープアーキテクトに求めているものだという世の中の雰囲気をつくることが大事だし、そのためにはランドスケープアーキテクト自身の自覚が必要ですし、ゼネラリストとしての視点を持つべきだと思います。

ゼネラリストの視点を持ったスペシャリストに

ゼネラリストといっても、それぞれ得意分野があっていい。かく言う僕は植物に関しては苦手としています。だから植物については植物のスペシャリストと組みます。独立した頃は緑に関する仕事が多く求められました。どんな木を植えたらいいかとか、緑化面積を充足するような計画をつくってもらえませんかなど。その仕事に応えるのは辛かったので、そうではなくてこういうことをやりませんかと別の提案をしていたことが多かったです。ですから契約率は1割から2割でした。
ボーダーレスで付き合うことは普通だと思うし、最近はすごくやりやすくなったと思います。うちにいた子たちとは独立した後も一緒に仕事をすることもありますが、以前ですとその場合、二次発注や孫受けになるのでうちの名刺を持って歩いてくださいということを言われていたけれども、最近は最初の顔合わせ会議のときに全員の会社が違っても何も言われないです。チームとしてやっていきましょうということです。そういう意味ではスペシャリストとして仕事をすることでのデメリットはありませんので、自分のキャリア形成や、自分はどの方向に進むかということを、若い頃から考えておくといいと思います。
ランドスケープアーキテクトがカバーしている領域の輪郭と周縁みたいなものは一般的になんとなく理解されていますが、そのなかで日本庭園なのか、緑なのか、森林再生なのか、もしくはコミュニティなのかというような棲み分けはあると思います。そこに対してオーダーのマッチングができてくれば、それはそれで幸せな世界があると思います。ただし、それぞれの得意分野があってもゼネラリストとしての視点は持つべきだと思います。
先ほどの旅館でも誰も求めてはいないけれど、絵本

団地をまるごと公園にする試み「左近山団地パークプロジェクト」（写真＝菅原康太、右頁の右＝STGK Inc.）

をつくりましょうと、それによりその場所の価値を可視化するとか定量化するという目的につなげた提案ができます。それはランドスケープデザインの魅力だと思います。

求められているランドスケープの価値

いいランドスケープをつくりたいと思ったらすべてがちゃんと収まり、調和してないといけませんので、そのためにはランドスケープがゼロから入って全体調整できることが望ましいのは言うまでもないことですが、最近そういう仕事が増えています。まず僕らに相談が来て、建築家は誰にするというところから始まり一緒に考えるというケースが多くなっています。ランドスケープの価値を理解している事業者は増えていますし、そう考える行政も増えているのではないでしょうか。高付加価値化というところで、暮らしに対して価値を上げていくためにはどうしたらいいかという課題が大きなテーマになることが多く、そのことを考えられるのはランドスケープアーキテクトしかいないと自負しています。

対象敷地だけではなく、それを内包する周辺全体を考えられるのは僕らの職能だと思うし、その価値が見直されていることは感じています。マスターデザインとか、景観ガイドライン作成とか、これまでコンサルがやっていたような仕事がランドスケープ側に落ちてくるというケースが徐々に増えてきていますが、それはおそらく発案の起因者が地元で頑張りたい人になってきているからだと思います。

これまで、みんながまちづくりについて他人事だったところがあったのですが、いまはそうではなく、この場所はこうあるべきではないかということを発信する人たちから物事が起こることが増えているからではないかと思います。そういう人たちはすごく具体的な考えを持っています。風景はこうしたい、ランドスケープはこうしたいという話がまずあって僕らに相談が来る。その流れが徐々にできあがっていって、成功事例が増えていけば僕らの活躍の場も増えていくのではないでしょうか。プレイヤーが起点となり、そのプレイヤーからランドスケープアーキテクトが必要だと僕らが呼ばれていくわけです。その流れが主流になればランドスケープ業界は変わると思います。

つながり創造「西新宿五丁目北地区防災街区整備事業」（写真＝奥村浩司／ Forward Stroke Inc.）

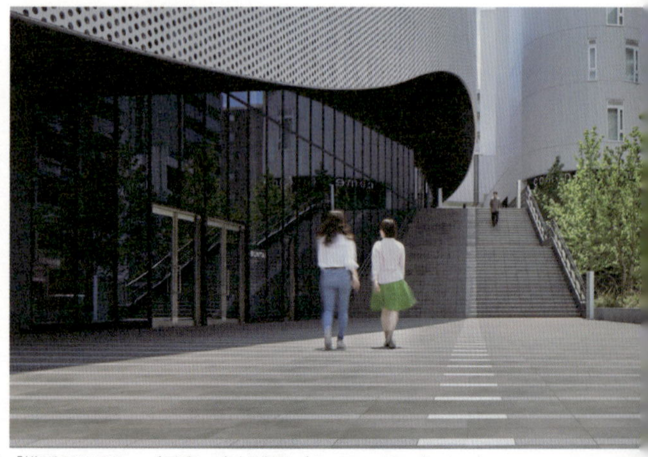

風になびく帆をモチーフにしたファサードデザインも手がけた「横浜BUNTAI」（写真＝奥村浩司／ Forward Stroke Inc.）

将来のランドスケープアーキテクトに向けて。

若い人に

ランドスケープにはやり甲斐しかないし、凄く面白いよと言いたいです。そして時間があれば積極的に外に出て行って欲しいですね。違う業界の人たちと話をする。ランドスケープを客観的に見ることができる環境に身を置くことで、ランドスケープを正当に評価し、社会におけるランドスケープの立ち位置に対して意見を言えるようになれるのではないでしょうか。それは独立すると強制的に求められることでもあります。独立はしたものの明日からの仕事どうしようという状況で、自分はどうやって仕事を取ったらいいのかということを突きつけられるのが現実です。いずれ自然に身につくスキルではありますが、独立してから身につけるよりは、若いうちから身につけたほうが断然いい。そのためには、外に出てランドスケープ以外の人たちと話をすることはすごく重要だと思います。ランドスケープアーキテクトとして何を知るべきか、何をやればいいのかということが見えてくるはずです。

ランドスケープアーキテクトとして自分がやりたいこととやらなくてはいけないことがイコールであればいいけれど、そうではないことは沢山あるし、そのなかで自分の立ち位置や振る舞いを決めていく。スペシャリストとして生きていくという選択もそれはそれでいいと思うし、そういう人がいなくなると困ることもあります。でもそうではなく、自分はこういうことをやりたいけれど世の中の動きや将来のことを考えたらこれもやっておいた方がいいと考えることも大切です。そういうことに気づくことは早い方がいいし、その積み重ねが重要だと思います。

最後にひとつ僕が経験から得たことを話すと、20代でできた友人って50代になっても仲が良い。ですから今付き合っている友だちはめちゃくちゃ大事にして欲しいとすべての若い人たちに伝えたいです。

げん.

stgk inc.

株式会社 スタジオ・ゲンクマガイ
〒231-0023 神奈川県横浜市中区山下町82 徳永ビル208
TEL.045-651-1662 FAX.045-651-1663 E-mail:info@stgk.jp
H.P:https://stgk.jp/
設立／2009年3月12日
代表取締役／熊谷 玄

■STAFF

伊藤祐基｜宮本 潤｜静谷洋紀｜鬼塚知夏｜中村 覚｜髙津悠人｜瀬尾晃二｜王 哲君｜阿部ほなみ｜森 智佳子｜熊谷恵美子｜

■ASSOCIATES

石川洋一郎｜久万奈都子｜Top Apichart｜成富文香｜

■主なPROJECTS／2010～2023

｜**2010年**｜くらすわ ｜**2011年**｜カップヌードルミュージアム ｜**2012年**｜ミツシヤナイハラ布からのデザイン展 ｜**2013年**｜フレスポ稲毛（リニューアルプロジェクト）、愛知医科大学病院、ブランチ神戸学園都市 ｜**2014年**｜イオンモール和歌山、ユーカリが丘 スカイプラザ・ミライアタワー、三井ガーデンホテル大阪プレミア ｜**2015年**｜やまなみ保育園、みなまき みんなのひろば（南万騎が原駅前広場）、MUFGグローバルラーニングセンター ｜**2016年**｜江東亀戸サテライト ブローバルキッズ堅川園、三井アウトレットパーク台湾林口、実践女子大学日野キャンパス ｜**2017年**｜ナーサリールーム ベルーベアー深川冬木、めぐみこども園、グランモール公園（再整備）、金城ふ頭駐車場 壁面緑化、いすゞプラザ、左近山みんなのにわ、仙巌園／尚古集成館（サイン・VIデザイン） ｜**2018年**｜ グリーンヴィレッジ若杉、日野こもれび納骨堂、常葉大学 静岡草薙キャンパス、白百合学園 ポリーニアンホール、イオンモール宮崎 ―hinata TERRACE ―、三井アウトレットパーク木更津 3期 ｜**2019年**｜デュオヒルズ南町田 THE GARDEN、近鉄博多ビル（都ホテル博多）、ブランチ横浜南部市場、ryugon（龍言）、高峰マウンテンホテル（改修） ｜**2020年**｜横浜元町ショッピングストリート／パブリックスペースリニューアル、JR横浜タワー、海南nobinos（ノビノス） ｜**2021年**｜KAWASAKI DELTA（カワサキデルタ）、津久井やまゆり園「鎮魂のモニュメント」 ｜**2022年**｜富山霊園 富山市斎場、THE OUTLETS KITAKYUSHU ｜**2023年**｜西新宿五丁目北地区防災街区整備事業、デュオヒルズ比治山レジデンス、田町タワー（TTMプロジェクト）

1

2

3

4

5

6

1. イオンモール和歌山
2. ナーサリールーム ベリーベア深川冬木
3. JR横浜タワー
4. THE OUTLETS KITAKYUSHU
5. 海南nobinos（ノビノス）
6. 田町タワー（TTMプロジェクト）

（写真＝1＆4＆6.清水隆裕 2.深澤慎平 3.奥村浩司／Forward Stroke Inc. 5.Nacása & Partners Inc.）

ランドスケープアーキテクトの
群像

佐藤宏光 TEN LANDSCAPE ASSOCIATES

ランドスケープデザインの世界観に魅せられこの道へ。

Hiromitsu Sato
ランドスケープアーキテクト
株式会社テン・ランドスケープアソシエイツ
代表取締役
1967年福岡県生まれ。鹿島建設株式会社、株式会社ランドスケープデザインを経て2016年株式会社テン・ランドスケープアソシエイツを創設。ホテル&リゾート、都市再開発プロジェクト、集合住宅、商業施設などを手掛ける。良質な空間、上質な風景づくりを行い、人・都市・自然が豊かに調和する社会づくりに寄与することを信条としている。

あなたの
原風景について。

デザインが身近にあった子ども時代

私は福岡の出身です。福岡は山があり、海があり、そして街もあり、それらがとてもコンパクトにまとまっています。私は山側の町に住んでいましたが、通っていた高校は松林に囲まれた海側のエリアにあり、その間に博多、天神のような賑やかな街があるという環境でしたので、自然と街の風景の両方が身近にあるという風景のバリエーションが多い環境で育ちました。
私が住んでいたエリアは、区画整理がされた分譲地でしたので子どもがたくさんいて公園もあり、そのエリアから少し外れると田んぼと山と溜池があるという豊かな自然環境にも恵まれていました。そして30分ほど車に乗れば繁華街がある。そのような環境で育ちましたので、都会っ子でもなく田舎の子どもでもない、その両方を体験しながら育ちました。
育った家庭環境から受けた影響も強く、両親が印刷業界に勤務していましたので、グラフィックのポスターやパンフレット、本などの印刷物の原稿やサンプルが日常的に家にあり、デザイナーという存在を身近に感じていました。日常的にデザインに触れることができる環境で育ったことは、その後の人生において影響を受けていると感じています

ランドスケープアーキテクト
を目指したわけ。

デザイナーを目指す

子どもの頃の私にとってデザイナーは夢の職業ではなく、身近な人たちが職業としているという感覚でした。当時、世の中でデザイナーといえばファッションデザイナーかグラフィックデザイナーというイメージが強かったのですが、私がそれ以外の分野のデザイナーの存在を知ることになったきっかけは、ハンス・ムートとの出会いです。ハンス・ムート率いるドイツのターゲットデザインが日本のメーカーであるスズキのバイク「カタナ」のデザインを手がけました。中学3年の頃だと思いますが、そのデザインを見たとき母親に「このバイクのデザインはいままでに見たことない形をしているけど」と聞いたところ、「プロダクトデザイナーがデザインしている」と聞かされました。そのとき初めて、さまざまな分野にデザイナーがいると知り、職業として強く意識するようになりました。高校2年から理系と文系に分かれるのですが、私はプロダクトデザイナーを目指し美大に進学することを考えていました。在学当時、高校には美大受験の実績が無かったため担任の先生に相談したところ、美術の先生がデッサンを教えてくださることになり、放課後はずっとデッサンをしていました。1年間続けてある程度の技術が身に付きましたが、3年生になったときに同級生から美大を受験するのであれば予備校に通わないとダメだよと言われ、夏季講習から美塾に通いました。結果1年浪人して愛知芸大デザイン科に合格。愛知芸大ではデザインを基礎から勉強しました。

プロダクトからスペースデザインの道へ

大学の1、2年でデザインの基礎を学び、3年生からはグラフィック、プロダクト、メディア、スペースの4つのコースに分かれます。当時はプロダクトデザイ

ン全盛の時代で、もともとはプロダクトデザインに進むつもりでしたが、課題が面白そうだという単純な理由でスペースデザインを専攻しました。ですが、職業にするのは車のデザイナーがいいと思っていました。
プロダクトの教授が推薦状を書いてくれたこともあり、自動車メーカーのデザイナー採用試験を2社受けて2社とも採用が決まり、より高く評価しいただいたメーカーへ行くことに決めて就職活動はそこで終わりとしていました。
それから2ヶ月ほどしたとき、大学に某企業の採用担当者が来校される日の朝にポートフォリオを持って学校に来てほしいと教授から電話があり、言われるままに登校しました。いま思うと人数合わせのためのサクラとして呼ばれたようだったのですが、その企業の採用担当者から入社試験を受けて欲しいと言っていただきました。その企業が鹿島建設でした。ちょうどその頃は美大生の憧れでもあったGKデザイングループのGK設計の景観デザインが注目をされていた頃で、これからはこの世界が面白いなと興味を持っていました。就職が決まっていた自動車メーカーは車好きが多い職場だろうと想像はしていたものの、私にとって車はデザインの対象であり、私自身そこまで車そのものが好きなわけでもなく、他の受験者とは感覚が違うかなということを感じていたのも事実でした。
お声がけいただいた鹿島建設について当時はあまり認識がありませんでしたが、景観デザインには興味があったので採用試験を受けることを決めました。最終面接の際に「君にはインテリアデザインが向いていると思う」と設計系の役員から言われ、「インテリアでの採用でしたら、私は鹿島建設には入社するつもりはありません」と答えたのですが、その話を聞いた後のランドスケープデザイン部長に興味を持っていただき、鹿島建設への入社が決まりました。

入社して最初に驚いたことは、周りが農学系出身の方々ばかりだったことです。入社試験時に環境設計部に配属されるというお話でしたので、いわゆるプロダクト寄りの景観デザインを担当する部署かと想像していたところに、周りは畑違いの方ばかりで自分はこれから何をすればよいのだろうと悩みました。実はランドスケープという言葉を知ったのも入社後です。自分の名札の配属部署名にランドスケープデザイン部と書かれていたことで知りました。そしてもうひとつ、私は樹木の知識がまったくない状態でした。

農学系とデザイン系の空間の捉え方の違い

入社してしばらくした頃に、愛知芸大からランドスケープの課題を始めたので学生の相談に乗って欲しいと請われ、彼らの作品を見たときにあることに気づきました。それは、美大の学生のデザインはオブジェクトと余白で構成されていることです。デザインにおいては余白を大事にする構成が求められるのでその影響だと思いますが、愛知芸大の学生は中心となる造形物に力を入れていて、そのほかのところは何もない空間という構成になっているわけです。構図としてのバランスはそれなりに取れていますが、あくまでもオブジェクトと余白の構成です。
一方、東京農業大学の学生の作品を見に行ったときに気づいたことは、メインのオブジェクトなしで空間をデザインしていることでした。この感覚は面白いなと思ったと同時に、自分の中でランドスケープとしての空間を捉えることができました。オブジェクトと余白ではなくて空間全体をデザインしていると感じた瞬間です。そのとき、ランドスケープに対する見方の尺度が変わり、自分の中で何かが吹っ切れたような感覚になり、ランドスケープデザインに対する興味がますます強くなっていきました。それ以来、いまだにランドスケープデザインが楽しくてしょうがないです。

影響を受けた
人、本、言葉、プロジェクト。

影響を受けた人たち

私はどちらかと言えば、流れに身を任せるタイプなのですが、自分の歴史の中でターニングポイントが2回ありました。ひとつは愛知芸大2年の終わり頃に、国内メーカーのバイクのデザイナーだった方を紹介されたことです。私が紹介される前年に、東京モーターショーでメインデザイナーとして大型バイクのデビューを成功させ独立。その方が新しく創設されたデザイン事務所のスタートアップメンバーとしてアルバイトしないかと誘われ、話を聞きに行ったところ意気投合し3年生と4年生の2年間、ほぼ毎日事務所に入り浸っていました。

授業が終わって、連日連夜ほぼマンツーマンに近い状態で叩き込まれた感じです。マーケット調査の方法から形の出し方、クライアントのニーズに対する提案方法、事務所を軌道に乗せるための一番重要なプロセスを教わりました。そこで教えてもらったことは今でも私のデザインに対する考え方の基本になっています。

もうひとつのターニングポイントは、鹿島建設からランドスケープ部門が独立して会社組織となった頃の国内大手建築設計事務所の住宅設計部門の部長との出会いです。その部長から住宅分野はオフィスビル等に比べると少し評価されにくい分野となっている。設計者が住宅設計に誇りを持って取り組める環境にしたいので力を貸してくれと請われました。

その部長から学んだことは、マーケットという感覚をより強く持つということです。良い住宅プロジェクトにするためにはプロジェクトを牽引する言葉が大事であり、求められる一歩上のテイスト、先を読む力が重要だと説いてくれました。計画スケッチのやり直しを何回も求められることもありましたが、そのときに感じたのは何度もデザインをやり直していくなかで、新しいものが見えてくるという感覚でした。本来デザインは客観的なもののはずですが、ひとつのことに囚われ過ぎて作家活動のようになってしまい、ひとつの案をなかなか捨てられない。ひとつのものに固執してどんどん詰めていってしまう。しかし、本来デザインとはそういうものではないはずです。固定概念を無くし、すべてを切り捨てて取り替えて行くなかで新しいものを見出す。その感覚で空間をデザインすることが大事だと思います。

理想に到達するまでには建築もランドスケープも何回も変わる。建築やランドスケープの計画過程で、プログラムやデザインが変わることにすごく抵抗を感じる方々が多いと思いますが、私はあまり抵抗を感じません。条件が変わればまた新しいものを考えればいい。そのなかから新しいものが見えてくることがある。そういう取り組み方をずっとしてきたので、いつの間にかそれが当たり前になっている感覚があり、そのことが私自身を成長させてくれたと思います。貴重な経験をさせていただいたその住宅設計部門の部長には、いまでも本当に感謝しています。

設計で大事にしていること。設計手法。

爪痕は残さない

デザインに対して大事にしている考え方がひとつあります。それは「爪痕を残さない」。アノニマス、匿名性です。ランドスケープデザインにおいて、我々に求められるパブリック空間はデザイナー自身のアイデンティティを刻印する場所ではないと考えています。使う人たちが映える空間をつくるためには、デザイナーの爪痕をいかに消せるかが重要なポイントだと考えています。作家性をあまり強く感じさせないように、アノニマスな立ち位置でデザインする。そのことは、作風的な縛りを無くしさまざまなプロジェクトにニュートラルな立ち位置で参画できることにつながります。デザインする前から決まった作風を求められるより「誰だ、こいつは」から始まる方がやりやすいこともあります。作家性や作風はランドスケープデザインには、必ずしも必要ではありません。プロジェクトの最終目的は計画内容全体であってランドスケープだけがゴールではありません。
プロジェクト全体のなかでどのようなパフォーマンスを示すことができるかが、ランドスケープデザイナーに求められているのだと思います。

効率的なリモートスタイルと徹底したマーケットリサーチ

現在、テン・ランドスケープアソシエイツには7人のメンバーがいますが、経験年数が浅いメンバー以外はほぼ全員リモートでネットワークを使って仕事をしています。個々の仕事のスケジュールは、私が全員分のタイムテーブルを作成して配信します。そして週の始まりにウェブ打ち合わせをして確認します。その後、昼、夕方とウェブで定期的に進行状況などについて打ち合わせをしますが、スカイプを利用していますので、チャットのように必要な時にはその都度話しができます。その際、言葉だけではなく画面の共有ができ、的確に指示することが可能です。リモート運営は、コロナ禍前から採用しており、とても効率が良かったので今も続けています。
仕事の取り組み方については、ひとつのプロジェクトを全員で対応していきます。メンバー全員でプロジェクト情報を共有し、融通し合うことが可能になりますので、時間内に作業が完成できなかった場合はそのまま作業を延長するのではなく、必ず他の誰かが続きを引き継げる体制にしています。そうやってひとりの負担にならずに、お互い融通しあえる文化を大事にしていきたいと考えています。個々の得意不得意を補い合って、最後の段階で各自の作業成果を合体してプレゼンに向かう。今はこの方法がうまくいっています。
プロジェクトのコンセプトや方針は私が担当しますが、その前に徹底的にプロジェクトリサーチをします。ホテルのプロジェクトであれば、計画地の歴史や地理的条件はもちろんのこと、そのホテルグループの思想やデザインテイストを。ワールドブランドのホテルについては、それぞれのクラスやブランドに求められる空間の質等の情報を基本資料として整理していて、プロジェクトごとに必要な項目を取り出せるようにしています。それらの資料収集、取りまとめはリサーチ担当者が担っています。マーケットリサーチはもちろん、現状のプロジェクトとは直接関係がない事柄に対しても将来予測できる世の中の流れに対して、新しいムーブメントはどういう方向に向かいそうだということまで日常的にリサーチし、アップデートしています。そうして得た情報を、私はひたすらインプットして総合的な視点でプロジェクトに展開する。
これまでは私自身がアンテナを広げて情報を得ていましたが、いまはリサーチ担当者が敏感に、そして徹底して追いかけますので、打ち合わせのときにはすでにそのグループの考え方や他の事例、ブランドの考え方などすべてリサーチし共有した後にランドスケープデザイナーとしての視点を加えて計画内容をとりまとめ、ビジュアル的にプレゼンしています。
ランドスケープデザインとしての実務は後半戦という感覚です。前半戦の段階で空間の捉え方や方向性を言葉やビジュアルによってクライアントになるほどと思わせる。それくらいの気持ちで取り組んでいます。

リゾートホテルのランドスケープデザイン

リゾートホテルの進め方は、プロジェクトのスタート時点から参画することが多いのですが、建築が計画を検討する間にランドスケープが計画地を含む周辺環境の解析をして情報を共有し、ランドスケープが建築内部のことまで扱ったり、建築も外部の要素を取り込んだりとお互いの案に対して相互に意見を交わしながら進め、それぞれが配棟プランを持ち寄り議論することもあります。
リゾートホテルにおいてランドスケープはとても重要なのですが、リゾートプロジェクトに携わっているランドスケープデザイナーはまだまだ少ないと感じています。リゾートプロジェクトこそランドスケープデザイナーの腕の見せどころではないでしょうか。例えば沖縄等のオーシャンフロントのリゾートにはプールがつきものですが、あのプールのデザイン良かったよねという人はいても建築の形は意外と覚えていないものです。それを成功だと考える建築設計者は結構多くいて、リゾートプロジェクトを手掛ける建築サイドの意識も高いと言えます。建築設計者もインテリアデザイナーも照明デザイナーも、そしてランドスケープデザイナーもお互いの領域を共有しながらより良いものを一緒につくろうと考えることができるのが、プロフェッショナルと言えるかもしれません。
例えば金沢の中庭を見せるホテルのプロジェクトでは、庭を全室から見えるように建築プランを変えて共用部や客室の向きを中庭方向に向けた計画となっています。どんな庭ができるかもわからない状態でそれを実行するためには信頼関係がないとできません。そういう舞台をつくってくれる建築設計者と仕事ができていることに感謝しています。
リゾートホテルで大切にしていることは、やり切るということです。真似しようと思ってもなかなかできないというレベルまで持っていく。そのために必要なことは、単なるランドスケープデザインではなく、プロジェクトをデザインするということだと考えています。そのためには、マーケット感覚をどれだけ持てるかが重要になります。もうひとつ大事なことは、空間に賞味期限をつくらないことで、計画する際は極力グラフィック的なデザイン処理をしないようにしています。仕上げには、パターンではなく素材の質感がわかる使い方をしていることが多いと思います。グラフィック的な要素を使えば使うほど、その時々の旬なイメージが出しやすいのですが、その分プロジェクトが短命に終わってしまいます。日頃から、時代性が出てしまう要素は極力控えたデザインをしていこうと心がけています。

琉球ホテル＆リゾート 名城ビーチのラグジュアリープール
（写真＝奥村浩司／ Forward Strok Inc.）

作庭家との仕事

これまで私が出会った作庭家の方々は、技術は言うまでもなくその人間性も素晴らしい方々ばかりでした。最初に作庭家と仕事をしたのは、千鳥ヶ淵に面したマンションプロジェクトです。そのプロジェクトはもともと私がデザインをしていて、事業者からも計画承認をいただいていましたが、ターゲットとするクラスがこれまで以上に上のクラスだったため、さらに空間の質を高くしなくてはいけないと考えました。デザインだけをやってきた自分ではプロジェクトに求められるレベルの空間ができないと感じ、デザイナーではなく実際に自らの手でつくる方々に一からお願いした方が良い庭ができると考え、意中の作庭家・大北望氏に私のこれまでの作品を送り、直接連絡をさせていただき、大北さんにお願いしたい旨を伝えました。大北氏から「ここまでの計画をされているのになぜ自分でつくらないのですか」と聞かれましたが、ひとつの石は組むことができるかもしれませんが、それが何段にもなったときに今の自分ではそれを消化するための技量がないからだと正直に話し、お会いして承諾を得ることができました。

初めて一緒に仕事をする作庭家と信頼関係をつくることはなかなか難しいことだと思いますが、これまで自分がどの様なものをつくってきたかということをご説明すると、すぐにご理解いただき話はまとまりました。

もうひとつROKU KYOTO, LXR Hotels & Resortsについて話します。

計画地は金閣寺の北に位置し、京都市中を背にして北側には光悦寺を含む山々、西側は花札に描かれた鷹ヶ峰、東側に豊臣秀吉の命により築かれた御土居（おどい）と、三方を深い緑に囲まれたロケーションにありました。ここで私が考えたことは、市中のホテルのように新しい庭をつくり込むのではなく、リゾートとして周りにある景色を空間に取り込むことでした。そこで敷地の半分を水盤にして周辺の風景を写し込み、ホテルの客室、共用部から周辺の景色を水越しに感じることのできる構成としました。エントランスの車寄せにこの地域で生産されている北山杉の大径木を配し、その他は鷹ヶ峰の植生の樹種を中心に植える計画としたのですが、初めから庭を目指すのではなく京都の腕の良い職人の手で植えていくことで自然と庭っぽさが出るというのがコンセプトでした。どうしても京都らしい庭を期待されていて計画思想を貫くか迷っていたところ、プロジェクトを通じてご紹介いただいた京都の作庭家・北山安夫氏に高台寺の庭をご案内いただいた際にお聞きした「勝ち過ぎない庭」という言葉に後押しされ、どんな庭をつくるかにこだわるのではなく、このホテルの空間演出として庭がどういう役割を果たすか。この地ならではの風景をつくるために水盤とし、庭は必要以上につくり込まないという計画としました。

こうした方々との出会いや経験が糧となり、2022年冬、それまで培った自身の力量を最大限に活かし、石工職人、地元の造園業者、水景エンジニアの確かな技術のもと、THE HOTEL SANRAKU KANAZAWAの瀧組の中庭を完成させることができました。

職人とつくり上げたTHE HOTEL SANRAKU KANAZAWAの中庭（写真＝近藤泰岳）

ROKU KYOTO, LXR Hotels & Resorts

ランドスケープと
社会との関わり。

社会の要請に応えるために必要なこと

我々の意識が社会とずれていなことが重要だと思います。プロジェクトにおいては、その土地の産業構造やその土地から離れていく若い世代が多いなどその地域ならではの社会現象もインプットしなければなりません。
昨今のリゾート開発の敷地は、もともと他の施設があった再生地も多く見られます。その土地を、どう再生するかがその地域社会にとっては重要です。日本の産業構造が製造業中心から海外からの来訪者をもてなすサービス業へとシフトしていくなかで、それを受け入れるための環境づくりも重要になります。
その基盤づくりという点において、ランドスケープは国策として活躍できる分野のひとつになり得るのではないかと考えています。ランドスケープ空間での集客、あるいは日本の武器である自然や文化をランドスケープでより魅力的に表現していくという意味で、ランドスケープの果たす役割は大きいと思っています。
リゾートのランドスケープデザインにおいて、計画地から見える海や山など、遠方に見える自然風景を直接さわることはできません。綺麗な自然風景はどこから見ても綺麗ですが、人が立っているテラスのデザインひとつで綺麗な自然風景がリゾート風景に変わるのです。
人の立ち位置をデザインして風景をリゾートに取り込むのが、リゾートのプロジェクトです。それをより多くの人に喜んでもらい、また地域産業につなげることがランドスケープをデザインするという意味でいま求められていると思います。それが日本の基幹産業になっていくことをランドスケープデザイナーはもっと意識した方がいいのではないでしょうか。
日本のおもてなしは立派な観光資源となっています。そして、その場をつくるのが我々ランドスケープデザイナーの仕事であり、質の高いデザインを施していくことで環境が良くなり、美しい国日本になるのではないかと思います。

東急ハーヴェストクラブ
VIALA 鬼怒川渓翠の
開放的なテラス

ランドスケープに対する潮目が変わった

幸いにして組織事務所に所属していた時代は、担当するプロジェクトの数がとても多かったです。とりあえず美大出身だからと担当することも多く、橋のデザインや屋外照明デザイン、舗装材の製品デザインなどプロダクト系のものや都市景観系のプロジェクトを数多く担当していました。
ある時期に、ランドスケープデザインに対する潮目が変わったと感じた時期がありました。以前は建築が中心にいて、ランドスケープはその付属空間として設計することが多かったのですが、建築ではなくランドスケープで価値を上げてくれという依頼が増えていったのです。
マーケットにつながるデザインをランドスケープに取り入れる。この感覚は、いまでも大事にしています。
現在、独立して自分で事務所を立ち上げ、建築設計者やインテリアデザイナーと一緒に仕事をすることが多いのですが、もともと内部空間と外部空間を分けて考える思考が自分にはあまりないということもあり、建築設計者やインテリアデザイナーもプロジェクトを計画するうえで、お互いに近い感覚を持つことができるのだと思います。
ホテルやリゾートなどは特に、担当者同士の経験値も重要になります。仕事を進めていくなかでお互いの信頼感が構築され、ひとつのプロジェクトがきっかけに新しいプロジェクトが始まる際は、組織を超えて再び同じメンバーでチームを組むということが続いています。それぞれの分野の設計者、デザイナーがいろいろなプロジェクトで積み上げた経験値やノウハウを持ち込み、さらにお互いを高め合う。そんな関係に感謝しています。

中と外の一体感／東急ハーヴェストクラブ VIALA 鬼怒川渓翠

将来のランドスケープアーキテクトに向けて。

職業について

「ランドスケープ」をひとつの価値観だけではなく、多様な価値観、多様な活動範囲として開拓していく必要があると思います。特に「ランドスケープデザイン」と言うと、みんなが同じ価値観の方向に向いているような印象を私は受けます。
例えばインテリアの世界では、ショールームや店舗などの先端のデザイン。個人の住宅、ホテルなどのラグジュアリーな分野のデザイン。さらに家具や照明などのプロダクトや演出のデザイン。デザインジャンルがいくつもあって、それぞれに独自の文化や価値観があり専門性を発揮するデザイナーが成立しています。
ランドスケープは職業のくくりではなくジャンルとしてのくくりですので、ランドスケープデザイナーのなかでも、空間デザインだけではなく街づくりをする人や地域の環境を保全する人がいたり、植物分野が得意な人がいたりと、それぞれの分野での独自の思想があると考えています。
「ランドスケープ」とひとくくりに価値観をまとめるのではなく、それぞれの立ち位置や考え方がもっと多様化していけば、さまざまな分野においてランドスケープがヒットするようになると思います。個々がさまざまな活動をしていくことで、ランドスケープに対する社会の認識はますます高まっていくのではないかと思っています。
時代はランドスケープ的な視点を持っている人たちを求めているはずです。そこで大事なのはクリエイティブな感覚をちゃんと発揮できているかということです。私は、リゾートやホテル、商業施設や住宅開発などマーケットと直接繋がる分野で活動することで、より一層ランドスケープデザインの価値や認識が広がっていくと信じて取り組んでいきたいと思っています。

IOLAND SATO

TEN LANDSCAPE ASSOCIATES

株式会社 テン・ランドスケープアソシエイツ
〒194-0041 東京都町田市玉川学園7-1-6,304
設立／2016年8月1日
代表取締役／佐藤宏光

■ MEMBER
藤野真也｜木内健二｜佐藤衣桜｜安部彩英子｜花岡真由美｜佐藤桃彩｜

■ 主なPROJECTS／2018～2024
｜2018年｜東急ハーヴェストクラブ軽井沢＆VIALA、THE HIRAMATSU HOTELS & RESORTS 宜野座　｜2019年｜アラマハイナコンドホテル、オキナワハナサキマルシェ、唐津シーサイドホテル　｜2020年｜hitoto 広島 The Tower、The Tsubaki tower Guam　｜2021年｜ROKU KYOTO, LXR Hotels & Resorts　｜2022年｜琉球ホテル＆リゾート名城ビーチ、オリエンタルホテル沖縄リゾート＆スパ、東急ハーヴェストクラブ VIALA鬼怒川渓翠、THE HOTEL SANRAKU KANAZAWA、　｜2023年｜シェラトン鹿児島　、東急ハーヴェストクラブVIALA軽井沢 Retreat creek /garden
｜2024年｜東急ハーヴェストクラブVIALA箱根湖悠

THE HIRAMATSU HOTELS&RESORTS宜野座

東急ハーヴェストクラブ軽井沢&VIALA

唐津シーサイドホテル[1]

オキナワ ハナサキマルシェ［2］

THE TSUBAKI TOWER GUAM

VIALA 軽井沢 Retreat creek/garden［3］

（写真＝[1] ナカサアンドパートナーズ　[2] 青木聖也／GLAFILM　[3] エスエス東京支店）

ランドスケープアーキテクトの
群像

石井秀幸
野田亜木子 studio terra

対話を大切に
みんなでつくる「あるべき姿」。

Hideyuki Ishii
ランドスケープアーキテクト
株式会社スタジオテラ代表取締役
1979年東京都生まれ。2003～2005年ベルラーヘ・インスティテュート(オランダ)。その後株式会社米設計、株式会社LPDを経て2013年株式会社スタジオテラ設立。
受賞歴／造園学会賞、土木学会デザイン賞最優秀賞受賞。東京理科大学建築学科非常勤講師、金沢美術工芸大学非常勤講師、山梨県景観アドバイザー、神奈川県坂出市さかいで再生会議委員、東京都町田市町田薬師池公園四季彩の杜魅力向上計画委員。

Akiko Noda
ランドスケープアーキテクト
株式会社スタジオテラ パートナー
1981年東京生まれ。2005～2015年有限会社オンサイト計画設計事務所。2015年株式会社スタジオテラパートナー就任。
受賞歴／造園学会賞、土木学会デザイン賞最優秀賞受賞。関東学院大学建築・環境学部 建築・環境学科非常勤講師、東京電機大学未来科学部建築学科非常勤講師。

あなたの 原風景について。

自然と人工のどちらも好きになれた原風景

石井　私が講演などに呼ばれて話をする際に、よく話すのが原風景についてです。最近も中学校に呼ばれた際に、原風景ってなんだろうということを中学生と話し合いました。原風景ってとても大事だと思っています。スタジオテラでは、原風景をつくること、つなげるということを特に大事にしています。
僕は、横浜市金沢区の団地に住んでいました。団地から数十メートルのところに崖線があり、その昔、その辺りは砂浜でした。人の手が入っていない自然の大地とそこで生きている生き物がいる環境と、人がつくったもの、住んでいた団地も埋立地ですので人がつくった大地なわけですが、その両方の環境を行ったり来たりして過ごしたまちが僕にとっての原風景です。
ですが、人がつくったものも時間が経つとどんどん育っていきます。例えば木が育ったり、生き物が増えたり。そういう風景も見ていたので、自然と人工物、その両方ともいとおしいという想いが僕のなかにはあります。ランドスケープのプロジェクトにおいて、人がつくったものも信じているし、もとからあった風景もすごく魅力的に感じますので、どのように掛け合わせるかについて関係者としっかり話し合うようにしています。
団地にはいろいろな遊具があり、いろいろな特徴を持った場所があり、友だちとは「今日はどこへ行こうか」というところから遊びが始まるのですが、いま思えば道路のインフラが整っていて社会として安全性が確保されていたからこそ僕らはさまざまな場所へ自由に行くことができたわけです。団地で人が集まるときの楽しかった思い出もあれば、ひとりになりたいときに崖線の辺りに行って静かに過ごすというような選択肢があったことはランドスケープをデザインする際に少なからず影響していると思います。

ランドスケープアーキテクト を目指したわけ。

建築からランドスケープの道へ

石井　僕はもともと建築をやりたいと思っていました。ただいつも追い求めていたことは、人が自由に振る舞い、活き活きと過ごせる環境でした。みんなが気ままに過ごすことができ、活動が生まれるような環境を建物の中でつくろうとしていました。ですが、卒業制作に取り組んでいたときに建物の外壁をすべて取り払ってみたところ、その状況が妙に腑に落ちました。風が吹き抜けて、人の声が溢れて、それが都市に広がっていく様子が想像できたのです。僕はこういう環境をつくりたかったということに気づき、それならば都市計画から学ぶべきだと考えてオランダに留学しました。ところがランドスケープに出会いその魅力に惹かれてしまいました。それは長谷川浩己さん（本誌 P.006 に登場）との出会いがきっかけです。
スタジオテラのパートナーである野田がオンサイトでアルバイトをしていて、ランドスケープデザインについていろいろと話をしてくれて面白そうだなと思い、僕もアルバイトに行かせてもらうことに。そこで長谷川さんに出会い、ますますこれは面白いと、僕がやりたかったのはこの仕事だと確信できました。
野田　石井とは同じ大学の同じ建築学科で学んでいました。建築には積層させていく面白さがあるのですが、学んでいるうちに積層した上と下の関係でつくっていくというよりは、道路を介して周りにつながっていくような1階のプランの面白さに興味が湧いてきました。ちょうどその頃にランドスケープの科目で公園の設計をするという授業があったのですが、地形のコンターの勉強をしているときに地続きでどこまでもつながっていくことを体感し、実際に設計をしてみたいと思い先生に相談したところ、オンサイトを紹介されアルバイトとして入所することができました。卒業後、社員として 10 年ほど勤めました。

影響を受けた 人、本、言葉、プロジェクト。

先輩たちから学んだこと

石井　ランドスケープデザインの面白さを教えてくれたのは、長谷川浩己さん（前述）と平賀達也さん（本誌 P.020 に登場）、田瀬理夫さん（プランタゴ）です。僕のほぼ 10 歳上が平賀さん、20 歳上が長谷川さん、30 歳上が田瀬さんで、奇しくも 3 世代のすごい大先輩たちに出会うことができました。
3 人それぞれが異なる思考でランドスケープに取り組んでいる姿は、僕のロードマップになっていると感じるところがあります。例えば田瀬さんは自然体で向かっていく。風景に対して飾らずにあるべき姿を求める姿勢を学ばせていただいています。長谷川さんからは、風景をつくるうえでひとりでも居られるような場づくりを大事にしている。ランドスケープと言うとパブリックという概念に囚われがちですが、公私の「私」を大事にした風景づくりに刺激を受けています。そして平賀さんの都市に対して真っ直ぐに向き合い、ランドスケープデザインで都市を変えることができることを信じて取り組まれている姿に感銘を受けています。
果たして僕は 10 年後にこういうものをつくれるのだろうか、そして 20 年後にこういう仕事のやり方ができているだろうかなど常に意識し、刺激を与えてもらっている 3 人です。
野田　私はオンサイト計画設計事務所での経験が現在の仕事に活かされていると思っています。長谷川さんは年齢や経験年数に関係なく「新しい計画を考えているんだけれど、どう思う」とみんなの意見を求めます。ときには突然聞かれて緊張した思い出もありますが、みんなの意見を聞くという姿勢に今も影響を受けていると思います。
また世間的にコップを洗うのは一番下の人の仕事みたいな風潮がまだまだあった頃ですが、そうじゃなくていいんだよということがオンサイトでは浸透していて、自分のことは自分でやるという社風に驚きました。初めて働いた設計事務所でしたので、設計というよりはその働き方や社風に影響されているところがあります。

設計で大事にしていること。設計手法。

リサーチや分析、対話を通して探る土地の「あるべき姿」

石井　僕らは最初にその土地の「あるべき姿」を考えます。それは常に変化し続けているものも含めた「あるべき姿」です。そのためにしっかりとリサーチをします。リサーチをして、その土地についての先入観や決めつけを排除し、素直に理解することを心がけています。そして、さまざまなスケールでその場所の個性を分析します。現状の姿や周辺環境など目に見えるものと、歴史や風土など目には見えないものの両方を分析することを大事にしています。例えば、スケールで言うと計画地とその周辺のレベル、もっと大きい市でのレベル、さらに大きい県でのレベルという異なるスケールで分析をします。そして、地勢構造や気候や歴史、さらには動植物についてなどさまざまな要素を分解します。水脈や風の流れ、人の関わり合いなどについてはマクロなものからミクロなものまですべてがつながっていると考えていますが、それらを一度に理解することはできませんので丁寧に分解してそれをまた戻すという作業をしています。敷地にも何度か足を運び、いろいろな人から話を聞いて、それらをまとめて計画案をつくります。リサーチしたものをさらに理解するために、事業者など関係者とディスカッションを通して違和感を感じた部分があればそこをチューニングして合わせていきます。このチューニングは現場中もやっています。もちろん図面は描きますが、現場の職人さんにも意見を聞いて、最後の最後までチューニングし続けます。そのため常に誰かと対話をしているというのが僕らのつくり方だと言えます。

プレゼンではなく「対話」

石井　僕らは事業者や市民と我々自身が共有できることが大事だと考えていて、模型や手描きなどクラシックな方法ではありますが、目で見て理解できる状態で提案しています。そうすることで、事業者側はフラットに会話ができるし意見やアイデアを出せるという状況をつくることができます。また事務所の壁などにプランを貼り、誰でも見えるところに模型を置いて、担当チーム以外の人が何をつくろうとしているのか、あるいは設計の進め方、現場のつくり方などを共有できるようにオープンにしています。
野田　CG を使った提案ですと私たちが見せたいアングルを決めてしまいますが、模型にすればみんながそれぞれの視点で見ることができるので共有しやすいと考えています。
石井　このような一連の流れを一般的にはプレゼンと言うのでしょうが、僕らはプレゼンとは呼んでいなくて、「対話しに行く」と言っています。プレゼンというと相手が喜びそうなものを送るというイメージがあって、それはそれで間違いではないのですが、ともすると送ったままになってしまうこともあるような気がしています。そうではなく、もっとディスカッションできるといいというのが僕らの考え方です。数十年後、世の中がどうなっているか誰にもわからない状況で、事業者は何をすべきか悩んでいるところがあると思います。僕らも迷うときがあります。だからこそ対話をしながらつくることが求められる時代だと思うんです。ですから対話という時間を大事にしています。だから時間もかかります。期間がすごく短いプロジェクトは僕らには難しいとお伝えしています。
もうひとつ大事にしていることは、対話するツールとして1案ではなく基本的に3案つくるということです。現在多数のプロジェクトに携わっていますので、単純に掛けた数の引き出しが増えることになります。こうしてどんどんデザインの引き出しが増えていく。当然使い回しはできないのですが、自分たちが面白いと思ったことを出し続けることは楽しい作業です。

また、誰の案かということではなく面白いと思った案を進めていくので、最終的に誰の案だっけと話すことも多くて、「それ私の案です」「いい案だったね」みたいなことはよくあります。例えそれが事業者の案だったり、建築設計者の案だったり、あるいは職人さんの案だったりしてもいいと思ったら僕らとしては取り入れたいし、それが対話で生まれる良さだと思っています。

野田　案件が来たときに、まず３～４人のチームをつくります。そしてそれぞれが案を出すという進め方です。

石井　ですから、ひとり１案程度描くわけです。大変だとは思いますが、１年目だろうが２年目だろうが常にアイデアを求められるのがいまの方針です。ノーアイデアの状態や僕らのスケッチ通りにやるという気持ちを持つと逆に辛いと思います。

自分で新しい風景をつくりたいとか、事業者を喜ばせたいとか、市民の人に喜んで使って欲しいなど、プロジェクトに対する想いの強さが大事だと思います。リサーチして、理解をして、事業者と土地に立って、次の打ち合わせのときには３案持っていく。相手が前向きになれる案を絶対つくるという意気込みで望んでいます。そしてそれを土台にしながらみんなで練っていくという感じです。

ですから、どの案もきっと喜んでもらえるものをつくっているつもりです。ときには、３案のうちＡとＣのそれぞれのいいところを合わせたものにということになるケースもあるのですが、そのときにはＡとＣを混ぜ合わせたものよりさらに良くなったものを持っていくことを心がけています。

町田薬師池公園四季彩の杜西園ウェルカムゲート　（写真＝吉田誠）

みんなでつくる

石井　町田市の「町田薬師池公園四季彩の杜西園ウェルカムゲート」では、木が育ち間伐をしてそれを薪に使うというような地域循環を目指したプロジェクトとして、雑木林をつくろうと計画しました。実際、1年に1回市民と間伐ワークショップが行われています。ですから緑の形は常に変わっていくということを前提にしています。
大事なことは、林と森のどっちに進むかを決めることです。市民が「木がいっぱい欲しい」と言っても、それは庭園的な様相を指しているのか、あるいは林なのか、それとも森のような緑なのか。さらには市民が関わるのか、関わらないのか。関わるのであれば、どこまで関われるのかについてしっかりと話し合いたいと考えています。また、鳥が来たらいいなという要望があれば、人がいる場所を木から遠ざけたほうがいいですよねという話にもなります。そのときは、建物の配置を変える、あるいはあまり人が行かないような場所に緑のエリアをつくるという考え方も出てきます。緑と人の関わり方や過ごし方において、市民や事業者が何を求めているのか、しっかりと聞いて提案するようにしています。
林にしろ、森にしろ、最終的にそれを誰かが引き継がなければいけませんので、引き継ぐ人が腑に落ちていないといけない。その点をとても大事にしています。つくった後の管理体制やその方法まで提案することは多いです。
例えば、スタジオテラの原点になった石巻市の「石巻・川の上プロジェクト1期 百俵館黒石の広場」は、東日本大震災の復興において地主の方が土地を提供し、子どもたちの学びの場として、また地元の方と新しく移転された方々の接点となる場所をつくろうというのがテーマでしたが、そこでは地元の職人さんとボランティアさんが一緒につくることをコンセプトにしました。このプロジェクトは、事務所立ち上げ後の初めてのプロジェクトでしたが、以来みんなでつくるということは大事にしていることのひとつです。ランドスケープだからこそできることでもあると思います。
野田　小さなことで言えば、事業者さんと一緒に圃場に行くとか。みんなが関わりできあがるということは常に気にかけています。

町田薬師池公園四季彩の杜西園ウェルカムゲート（写真2点＝吉田誠）

【上段】石巻・川の上プロジェクト1期「百俵館黒石の広場」
（左写真＝chang kim photography、右2点＝スタジオテラ）
【下段】石巻・川の上プロジェクト2期「たねもみ広場・耕人館」
（左・右上写真＝スタジオテラ、右下写真＝石巻市）

石井　ただ僕らだけが頑張りすぎるような状況にはならないように注意していて、仮に地域の人にやる気がなかったとしても、みんながやる気を出すまで僕らだけが汗をかくぞということはしていません。
やる気がないなと感じたら、どうすればこの人たちは一歩踏み出してくれるのかを考えます。例えば、参加のハードルを少し下げて今回は見るだけでいいので来てくださいと誘えば参加しやすくなりますし、来たら意外と手を動かしてくれることもあります。土地柄もありますので、その土地の人たちのテンションを読みながら進めることも必要にはなりますが、それはそれでいいかなと思っています。カタチをデザインするというよりは、人のつながりもデザインすることが大事だと思っています。

野田　ちょっとしたつながりが、地域全体に広がるといいなと思うところはあります。

石井　自然と人とか、人と人とか、人と生き物とか、いろいろな物がつながり、特に人が自然や生き物とつながりを持ったときに、もう少し幸福になれるのではないかと思っています。
最近は人間中心ではない場づくりをするという考え方でチャレンジしているところがあります。そういう考え方が、人を癒し原風景に立ち戻れるような場所をつくることにつながるはずだと。これまで人間中心につくられてきたものを、見直すというよりは新たなつくり方としてチャレンジしたい。例えば昆虫にしても、動物園のような感覚で見に行くのではなくて、適度な距離を確保し、人が昆虫の生活圏を認識できるようなデザインができるはずだと思うんです。屋上でも人があまり行かなければ、そこに鳥たちが卵を産むこともあります。実際、僕らのプロジェクトでも毎年カモが飛来してきて卵を産んでいるのですが、そういうこともデザインとして大事にしていかなくてはいけないと思います。
また僕らは設計・施工のプロセスを YouTube で配信するということも試みています。施工中の現場がどういう場所になるのか気になる市民が検索して、動画を見て「そういうことか」と知れば安心します。施工過程からみんなにワクワクしてもらう。そして完成したらこういうことをやりたいとみんなが思えるようにしたいんです。
市民に施工プロセスにもなるべく関わって欲しいと思っていて、たとえばみんなで芝を張るとか、場合によっては子どもたちを呼んで大きな木を移植するところを見てもらうとか、可能な限りみんなに関わってもらうような工夫をしています。
できた後の人の関わりやすさや使いやすさを考えて、使いやすくするためにあえて有料化してはどうですかということを提案することもあります。利用する人は言われなくても利用しますが、利用したいけれど遠慮しているような人もいると思います。むしろ1時間千円でもお金を払ったら誰でも使えますとすれば、気を使うことなく誰でも利用できるでしょうし、行政も綺麗な状態を維持することを考える。利用する人も大事に使用するのではないかと思います。誰かが頑張りすぎるのではなく、みんなで気持ちよく維持をしていく。究極はそこが目標かなと思っています。

風景をボーダーレスに繋げたい

石井　そこに通ったり住んだりすることで気づくことが増えてきます。鳥が来た、蝶がいる、ということもあります。できあがった後にわかることもあって、できあがった姿とか人が使っている姿を見て、ああこういうことだったんだなと思うこともあります。
僕らはプロジェクトのジャンル分けはしていません。基本的には関係ないと思っていて、どういう場所であっても誰かの原風景になれると。例えばホテルだろうが商業施設だろうが、そう考えています。その人の尺度で見た場のあり方が成果だと思うので、こう振舞って欲しいという僕らの想いはあまり主張しません。
また、これは僕らの事務所の特徴でもあると思いますが、ゾーニングという考え方はしていません。僕らとしては、敷地は人間が人為的に引いた境界だと思っているので、それは本来つながっている大地のなかの部分に過ぎないと捉えています。ですから大地の水脈とか風の流れを大事にしたデザインをすれば、自然と気持ちのいいところに人が集まり、木が気持ちよく育てばまたそこに人が集まってきます。そうしたことをベースに考えていくとゾーニングという考え方が邪魔になりますし、根本を見誤ってしまうことさえあります。
建物や造成などによりあらゆるものを分断してしまっている場合は、風景をボーダーレスにつなげるためにはどうするかについてさまざまな人たちと時間をかけて話し合っています。
最近、土木の方との付き合いが増えているのですが、土木に携わる人たちは長いスパンで物事を見ることが身についている方が多く、そこは共感できるところが多々あります。また、土木には都市の交通網を維持するという視点や、人の暮らしや命に関わるようなプロジェクトもあります。そういうところまで考えて取り組んでいる姿勢を僕らも学ぶべきではないかと思っています。ランドスケープと土木はもっと交流があっていいですね。
幸いにもひとつのプロジェクトにおいてさまざまな立場の人と関われる機会が増えてきているので、今は面白い時代だと思います。風景をつくるということについてもさまざまな視点があるので、若い人たちにもっと関わって欲しいです。

【上】まちとボーダーレスにつながるキャンパス「金沢美術工芸大学」
【中】人と生き物のつながりを生みだすまちの庭「鈴森village」
【下】日常的に人の居る風景をつくる「さいき城山桜ホール周辺地区」
（写真：上＝吉田誠、中＝中村晃、下＝川澄・小林研二写真事務所）

ランドスケープと社会との関わり。

ランドスケープアーキテクトに求められていることは多い

石井　僕には生き物の視点と人間の視点の両方を大事にしたいと思っているところがあるのですが、人間の視点で言うと自分のやっていることとか思っていることをもっと表に出して、リアルに人とつながれる場所が大事ではないかと思っています。そういう時間を共有できる場所。そういう意味で屋外には人が集まって解り合えることができる場になる可能性があるのではないでしょうか。リアルに勝るものはないと思っています。そのときに感じたことはその人だけのものですので、コピーペーストできない体験になるはずです。すごく大事なことで、そういうことがないと人が人でいられなくなってしまうのではないかとさえ思うところがあります。
一方、生き物の視点について言うと、事務所でもよく話し合うのですが、人間のために開発して人間の都合で緑化面積やら生物多様性について語られていますが、鳥の通り道に対してどう考えるのか、あるいは風の流れをどう捉えているのか、また地下の水脈はどう流れているのかなどさまざまな状況を考慮に入れて設計するべきだと思います。そうしたことは後回しにして表層的に被せているのが現状ではないでしょうか。もっと根っこのところから考えていかないといけない。
そういう意味では、計画地単体で議論することに限界がきていて、都市全体というスケールで生き物のこと、自然のことを考え、さらに人間はどう生きるかという議論をしていかなくてはいけないと思っています。そもそも生き物や緑が気持ちよく育つことができる環境は、人間も元気になれる場所のはずです。生き物たちと一緒に過ごせる世界を、人間中心の視点ではなく自然の視点でつくるべきではないかということを現在取り組んでいるプロジェクトにおいても、例えそれが小さな現場であってもそこからどんどん広げていきたいと思っています。
また、現在関わらせていただいているまちでは、まちの中心市街地の空洞化が深刻化している。人が減り建物が減っていく状況なのですが、逆に再生できるチャンスだと考え取り組んでいます。都心ではなく地方から最先端の生き方や環境を発信することができるのではないかと。
僕らは地方のプロジェクトが多いのですが、行政の方から相談を受けることもあり、ランドスケープアーキテクトに期待されていることを感じています。僕ら自身も新しい体験を得られるのではないかと期待しています。
僕らは「関わりしろ」を大事にしていますが、それはその場所のポテンシャルを最大限に引き上げるものだと考えています。つくったベンチは、いずれなくなるかもしれませんが、根本的にいい気が流れるような状態にしておけば、また数十年後につくり替えてくれるはずです。そういうことを十分に意識して場をつくっています。
現在、ランドスケープアーキテクトに求められていることは多いと感じています。多岐にわたるデザイン、例えばコミュニティデザインや場のデザイン、またその後の運営や人の育成まで助言を求められることもあり、社会的な要請が多いと実感していますが、今後さらに増えていくだろうと予想しています。そういう社会の流れがあるなか、もっと設計事務所が増えるといいですよね。個性的で、いろいろな考えを持った人たちが増えて、ランドスケープ業界が社会のさまざまな期待に応えられるような状態になったほうがいいと思っています。今は社会からの期待に対してランドスケープアーキテクトが少ない状態だと言えるのではないでしょうか。

将来のランドスケープアーキテクトに向けて。

若者に期待すること

石井　「若い人」とは言うものの、僕は同じ時代を生きる同世代だと思っていますが、数十年後の若い人たちが「自分たちのまちっていいね」と言えるような、都市でも地方でもそう思えるものをつくるのが僕らランドスケープアーキテクトの仕事です。そういう視点で一緒に取り組めればいいなと思っています。
お互いに刺激を与え合える環境で、次の世代の人たちの目標になるようなものをつくることができたらなと思います。
野田　若い人にはいろいろなことに興味を持ってもらいたいです。いつ、何につながるか分かりませんので。生き物でもいいし、緑でもいい、興味の幅が広ければ広いほど面白い仕事ができるのではないかと思います。もちろん仕事をしていくなかで興味が増えていくのもいいことだと思いますが、貪欲であって欲しいですね。
石井　そういう意味では、自分で向き不向きを決めない方がいいですね。僕は人からの評価がすべてだと思うところがあるので余計にそう思うのかもしれませんが、自己評価して自分の幅を狭めてはいけないと思っています。
どんどんチャレンジして欲しいです。

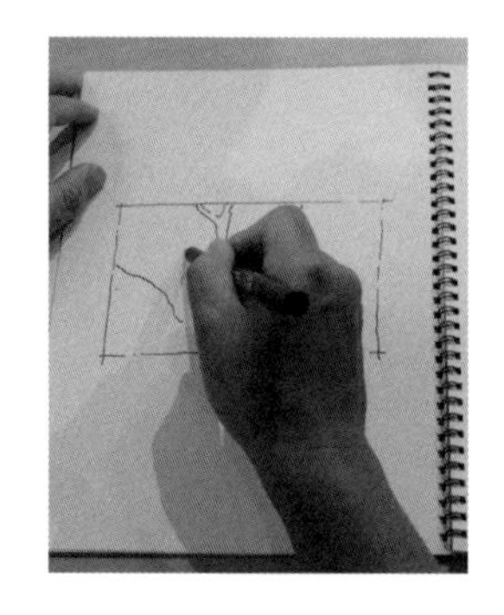

ishii

studio terra

株式会社 スタジオテラ
〒146-0082 東京都大田区池上4-11-1 第五朝日ビル2F
TEL.03-6303-5851　FAX.03-6303-5853
H.P:https://studio-terra.jp/
設立／2013年2月1日
代表取締役／石井秀幸　　パートナー／野田亜木子

■STAFF

汲田 楓｜胡 博文｜渡邉絵利加｜渡邊聡美｜鈴木麻由美｜井上陽水｜武田オダイマ海沙子｜湯 煚崟｜近藤萌々｜殿山愛弓｜小池 恵｜

■主なPROJECTS／2013～2023

｜**2014年**｜下北方の家 飫肥石の広場、鶴川のコートハウス、霧島町の家 こもれびテラス　｜**2015年**｜石巻・川の上プロジェクト1期 百俵館黒石の広場　｜**2016年**｜道の駅くしがきの里　｜**2017年**｜竹田市立図書館、NICCAイノベーションセンター、能作新社屋・新工場　｜**2018年**｜岐阜協立大学、石巻・川の上プロジェクト2期 たねもみ広場・耕人館、江東区立有明西学園、Nagasaki Job Port、総合福祉施設リバービレッジ杉並　｜**2019年**｜名古屋学院大学 名古屋キャンパスたいほう「GLOBAL LINKS」、クアパーク長湯、星野リゾート リゾナーレ那須、クスリのアオキ本社　｜**2020年**｜那須塩原市図書館みるる＋駅前広場、町田薬師池公園四季彩の杜ウェルカムゲート、さいき城山桜ホール周辺地区、つるかわ保育園、津市久居アルスプラザ、東京ベイ潮見プリンスホテル、ノミガワスタジオ＆ブックスタジオ　｜**2021年**｜大阪中之島美術館、ARTBAY TOKYO、Lazy Inn.　｜**2022年**｜八代市庁舎、リーフコートプラス　｜**2023年**｜金沢美術工芸大学、鈴森village

NICCAイノベーションセンター

岐阜共立大学

Nagasaki Job Port

星野リゾート リゾナーレ那須

ノミガワスタジオ＆ブックスタジオ

リーフコートプラス

写真：上左＝スタジオテラ、上中＝ロココプロデュース、上右＝kurome photo studio 下左＝吉田誠、下中＝岡田孝雄
下右＝篠沢建築写真事務所

ランドスケープアーキテクトの
群像

オウミアキ
木川 薫
市川 寛

office ma

ランドスケープデザインに心を奪われた3人。

Aki Omi
ランドスケープアーキテクト
office ma
／Founder+Creative Director
16歳で渡米。オハイオ州立大学卒業。Morgan Wheelock, Hargreaves Associates 勤務後、ハーバード大学GSDに進み、在学中にStoSS Landscape Urbanismに創設パートナーとして参加。2003年EDAWに入社。2013年サンフランシスコにてoffice ma創設。2019年東京オフィスを設立。

Kaori Kikawa
ランドスケープアーキテクト
office ma
／Senior Director
東京農業大学卒業。在学中に、NewYorkに留学。NewYorkのBryantParkにおけるNPO団体による都市公園再生を研究。卒業後、大成建設設計本部環境デザイン室に入社。2018年退社後世界数カ国を周り、帰国後2019年office ma東京オフィス立ち上げと同時に入社。

Hiroshi Ichikawa
ランドスケープアーキテクト
office ma
／Landscape Designer
ICU卒業、千葉大学大学院修了。大学院在学中にシアトル、シェフィールドに留学。留学中は世界各地のランドスケープ作品を見て周り、受けた感性は現在の仕事に活かされている。2019年office ma東京オフィス立ち上げと同時に入社。近年はアーティストとして国内外のアーティストインレジデンスにも参加。

Hiroshi
Ichikawa
Kaori Kikawa
Aki Omi

あなたの原風景について。

ランドスケープアーキテクト を目指したわけ。

海外に憧れていた少年時代

オウミ　16 歳で渡米するまでは自然豊かな環境で育ちました。ただそれが僕の原風景であり、いまの仕事に直接何かしらの影響を与えているかということはこれまで考えたこともなかったです。はっきり言えることは、原風景に影響されてランドスケープアーキテクトを目指したところはないということです。僕は、小さい頃から海外に興味があり自分が住んでいた田舎の風景よりも映画の中の風景や文化、ライフスタイルに対する憧れが強く、そちらの世界に惹かれていったところがあると思います。
日本の社会になんとなく閉塞感を感じ、また出る杭は打たれるというような文化に馴染まない感覚もありました。ですから、自分の将来を考えたときに、日本では上手くいかないなと強く思うようになりました。ただその頃はまだ自分が何をやりたいかも分からず、でも分からないまま日本にいて自分がやりたいことを見つけることができなかったとしたら、社会に決められてしまうのではないかという恐怖心のようなものがあったように思います。自分で自分のやりたいことを見つける環境を探していたのかもしれないです。
こうした背景から、僕は 16 歳でアメリカに渡り、それ以来、日本では生活していません。出張で日本に来ることはありますが、拠点はアメリカにあります。僕のなかで「ベース」となるものがあるとすれば、それはアメリカの影響が大きいと思います。もちろん、日本人としてのアイデンティティは持っていますが、アメリカの考え方や文化に強く影響を受けているのは間違いありません。
最近、「Thirty Tree」という本の出版に関わりました。30 人のランドスケープアーキテクトが、それぞれ好きな木を選び、その木についてのエッセイを 1 冊にまとめたものです。僕はクロマツを選びました。選んだ後で、なぜクロマツに惹かれたのか考えたところ、子どもの頃、毎年夏に訪れていた海辺の松林の記憶が影響していたことに気づきました。そう考えると、幼い頃の日本の記憶が、少なからず今の自分に影響を与えているのかもしれません。

ランドスケープとの出会い

木川　私は高校生の頃に、初めてランドスケープアーキテクトという職業を知りました。それまで一度も聞いたことがなく、初めは建築に興味を持っていました。ですが大学受験が近づいてきた頃、本当に建築学科に行きたいのかなと考えるようになっていました。私は、本当に建築に興味があるのか。建築というよりも人がいる空間に興味があるのではないかなと、なんとなくですが自分の中でそういう感覚があり、私が本当にやりたいことは何なのかハッキリ見えていない状況でした。
そんなことを悩んでいたときに、母がこういう職業があるんだよと、建物だけではなくて公園や庭のような環境をつくる職業があることを教えてくれて、一気に興味が増していったことを覚えています。この出来事は私がランドスケープアーキテクトを目指したきっかけになりました。
市川　私は公園のような外の広い空間がもともと好きでしたが、それを享受する側にいました。公園に行くと気持ちいいなと感じているだけでしたが、あるときこの空間をデザインし設計している人がいることに気がついて、では誰がつくっているのだろうかと。そこでいろいろと調べていくなかでランドスケープという言葉に出会い、ランドスケープデザイナーという人たちが屋外の空間をつくっていることを知りました。
元来、何かをつくることが好きでしたし、環境や自然という分野は自分のパーソナリティに近いと感じていたので素敵な職業だなと感じると同時に、ランドスケープを学べる学校があることを知りました。
そのときはすでに大学を卒業して社会人だったのですが、アメリカの大学院に入るためのサマープログラムがあることを知り、アメリカで6週間、ランドスケープの大学院に入るためのプログラムに参加しました。
そのサマープログラムがきっかけで、これこそ自分のやりたいことだと確信し、帰国後日本の大学院に入学し、ランドスケープの勉強を始めました。
オウミ　僕がランドスケープアーキテクトに出会ったのは、まさに偶然でした。アメリカの大学では、入学してから専攻を決めるのが当時は一般的で、最初は教養課程を受けていたのですが、専攻を決めなければならない時期にスクールアドバイザーに相談する機会があり、そのアドバイザーの「日本人だったらジャパニーズガーデンがあるじゃない？」というひと言がきっかけでランドスケープアーキテクトという職業を知りました。
調べてみると、日本の庭園とはまったく異なり、アートとサイエンスが融合された分野で、環境や社会課題にも積極的に向きあうところが面白そうだと思ったんです。まさに偶然の出会いでした。
もともと建築やものづくりには興味がありましたが、大学で学ぶことと実際のものづくりは別だと感じていたところもあったので、アドバイザーのひと言で大学でものづくりを学ぶのも良いかもしれないと思い、ランドスケープ学科がある大学に転校することを決めました。

影響を受けた
人、本、言葉、プロジェクト。

影響を受けた人、言葉

オウミ　いまの自分をここまで導いてくれた人たちはたくさんいます。これまでに多くの人に出会い、助言をもらい、時には一緒に仕事をしたりするなかで、大きな影響を受けてきたと思います。これまでに大きな分岐点がいくつもありましたが、いま思うとそういうタイミングに大切な出会いがありました。

大学を卒業後の進路を迷っていた頃、偶然、日系のランドスケープアーキテクトで、元ササキ・アソシエイツのパートナーだった木下正夫さんとういう方を紹介していただきました。大学を卒業する２年ほど前から彼とのお付き合いが始まりました。当時、木下さんは日本に移住されていたので、主なコミュニケーション手段は手紙でした。たくさんの手紙をいただき、そのたびに考えさせられることが多かったです。

木下さんはアメリカ生まれ、アメリカ育ちでしたが、大学時代に京都の大徳寺で修行を経験した方で、手紙もまるで禅問答のような内容でした。それに対して一生懸命考えて返事を書くというやりとりが続きました。

ランドスケープの道に進むかどうか悩んでいたとき、木下さんに相談したところ「何を悩んでいるんだ。ランドスケープしかないだろう」と背中を押され、その言葉で飛び込む決心がつきました。

大学卒業後は、ジョージ・ハーグレイブスの事務所で働くことになり、彼から受けた影響も非常に大きかったです。また、その事務所で出会ったスティーブ・ハンソンとは、いまでもデザインパートナーとして一緒に仕事をしています。

市川　私もいろいろな人にお世話になって、いまがあることは間違いないのですが、影響を受けた本があります。それはガレット・エクボの「環境とデザイン」です。ランドスケープの質について語られていたページで、「ランドスケープの質は人のクオリティだけではなく、また自然のクオリティだけでもなく、両方の質が上がることでランドスケープのクオリティが上がる」という内容の言葉に共感を覚え、ランドスケープの可能性を感じました。

ランドスケープとの関わり方はさまざまな形があると思います。この言葉に出会った当時は、デザインをやりたいけれどもデザインをやれない可能性もあるなと思っていた頃でしたので、その言葉に出会い、やっぱりデザイナーとして関わりたいと確認できた言葉としていまでも大事にしています。

木川　私は圧倒的に影響を受けたなと思っているのは、中学時代に通っていた塾の先生です。ランドスケープとはまったく関係ない人ですが、今でもその先生が大好きで尊敬しています。

先生はもちろん勉強を教えてくれるのですが、授業後には毎回勉強とは直接関係のない世界中の文化やさまざまな国のこと、またその国の風土について話をしてくれました。そして常に視野を広く持ちなさいということをいつもおっしゃっていて、世界は広いということをずっと言ってくれていたことは、現在の職業になってもずっと生き続けています。

視野や思考を広げて物事を見るということが私の根底に流れていて、影響を受けた大切な言葉だと思っています。

設計で大事にしていること。設計手法。

Why、What、Howで考える

オウミ　オフィス全体で共有している考え方は、「自分たちが何をやりたいか」ではなく、「その場所とどう向き合うべきか、そこはどうあるべきか」をしっかり考えることです。まずはその場所について深く知ることから始めます。その場所に関わる人々や、これから関わるであろう人々の声、さらには自然の風など、あらゆる要素に耳を傾けたうえで、どうあるべきかを考えます。自分たちが何をやりたいかはあまり重要ではなく、事業者をはじめ、さまざまな関係者が持つ目的を尊重しながらも、場所の歴史や文脈を理解し、なぜここに関わるべきなのか、何をするべきかを考えることが大切だと考えています。
もちろん、私たちの考えがいつも正しいとは限りません。別のデザイナーが関われば、異なる結果が出ることもありますが、それも良いと感じています。重要なのは、関係者と対話を重ねながら進めることです。
私たちはデザインにおいて「Why（なぜ）」「What（何を）」「How（どうやって）」の要素が重要だと考えています。Whyの議論が十分でないのに、Whatの議論に進むことには違和感を感じますし、オフィスのメンバーもその考えを共有しています。まず「Why」をしっかり議論し、整理することが私たちのデザインプロセスで大切にしていることです。

木川　コンセプトの段階から私たちは徹底的にリサーチし、ヒアリングしたことを含めて関係する皆さんと共通認識を持ちながら議論したいと思うところがあります。意見が違う場合は議論するための資料を用意し、プレゼンをして一緒に議論していく。なるべくわかりやすく、伝わりやすくということを心がけていて、ここが大事ですというところが明確に伝わるような資料をつくったうえで議論をしていくという進め方です。

オウミ　プロジェクトによって議論すべき内容は異なります。視野を広げるためにケーススタディをみんなで共有することもあれば、敷地でワークショップを行うこともあります。プロジェクトや関わる人によって、何が重要かは変わってくるのです。そうした過程を通して、その場所のあり方がコンセプトとなり、ひとつのストーリーとして広がっていくイメージです。
ただ、私たちはコンセプトだけに興味があるわけではありません。コンセプトは始まりに過ぎず、最終的には空間のスケールやディテールまで落とし込むことが重要です。僕自身、地形がとても重要だと考えているので、オフィス全体としても地形の読み解きや、地形のデザインには特に力を入れています。私たちは空間の骨格を「サイトフレームワーク」と呼んでいますが、地形やレベル設定からその骨格をどう構築するかを始めます。植栽計画も、空間の骨格を形づくるようにデザインしています。
デザインのプロセスは、人や水などの流れに空間がどう介入し、何かと何かをつなぐ関係性を構築することから始まります。それを具体化するための地形やレベル設定をデザインするのです。だからこそ、地形を新たにつくることも多いですが、元々その場所にある地形を活かすことも大切にしています。地形の読み解きは非常に重要です。
例えば、Otemachi One Gardenでは、敷地と周囲との関係性、そして内堀通りから人が敷地に入ってくる流れを理解したうえでデザインを行いました。新しいオフィスビルが建つ際に、オフィスのロビーや公共空間の配置を考慮し、内堀通り側は公共性の高い空間、奥にはプライベートな空間をつくることに決まり、それを支えるフレームワークを構築しました。私たちは、かっこいい空間をつくることよりも、どう使われ、どう使ってほしいかを大切にしています。人も環境もハッピーであること、つまりお互いが共存できる空間を目指しているのです。特に大手町のビジネス街において、誰もが「いいな」と感じられる居場

Otemachi One Garden

所をつくりたいという思いを込めて、Otemachi One Gardenに取り組みました。

出会い

オウミ　市川と木川には本当に縁があって出会うことができました。寛は、まだ日本にオフィスを設立する前に、日本からアメリカに直接応募してきたことがきっかけです。日本からアメリカのオフィスに直接応募してくる人は珍しく、強く印象に残りました。ちょうどその時期に日本でコンペの話があり、すぐにアメリカでの採用をすることも難しかったので、「日本でコンペが始まるから一緒にやらないか」と声をかけ、一緒に仕事をしました。
コンペの間、彼は「僕は運がいいから取れますよ」と言っていて、実際にコンペを勝ち取ることができました。それがきっかけで東京オフィスを立ち上げ、そのまま寛には入社してもらいました。
木川　私は前職もランドスケープデザイナーとして、ゼネコンで働いておりました。退職後に半年ほどブレイクして、世界各国を巡ろうとしていたのですが、前の会社でお世話になった人がオウミと知り合いで、もしアメリカにも行く予定ならオフィスを見学させてもらえばと紹介してくれました。さっそくコンタクトを取り、アメリカに行った際にオフィスを見学させてもらい、またサンフランシスコにある他のランドスケープ事務所も見学させていただきました。そのときは本当に見学だけだったのですが、日本に戻ってしばらくしてから東京オフィスをつくろうと思っているので、よかったらという話をいただいて、是非ということで参加したという流れです。
オウミ　ふたりとは、本当にいいタイミングで出会う

In the FOREST

Polka Dots

ブランズタワー豊洲

ランドスケープと社会との関わり。

ことができました。もしその時期でなければ、一緒に仕事をしていなかったかもしれません。不思議な縁を感じますね。東京オフィスはこの3人で5年前にスタートし、その後1人が加わり、今は4人で活動しています。僕自身は東京にいることが少ないですが、基本的にサンフランシスコと東京の両方のチームで協力してプロジェクトを進めています。現場には市川や木川が直接足を運び、デザインプロセスは両方のチームが同時に取り組む形です。

市川　そこはうちの強みかと思います。日本のオフィスの視点プラス海外からの視点という形で取り組めていますので、多角的な視点でもの事を見ることができ、またいろいろなことをインプットできていますので、それをオフィス内で消化しながらプロジェクトを進めていけることはoffice maの一番の強みだと思います。

木川　いまはリピートやご紹介など、ほとんどご指名していただいています。office maは建築家の方々と一緒にチームを組んでやることも多いので、デザインチームとして入っていくことも多いですね。配棟計画が終わった後に参加することもありますし、まだプロジェクト方針が固まっていない段階で入って我々の視点でこの場所のあるべき姿を議論するときもあります。ありがたいことに柔軟にキャチボールができる建築家の方々と一緒に仕事をさせていただいています。

オウミ　いま一緒に仕事をさせていただいている建築家の方々は、どちらかというとそこを求めてくれています。建築に対して、こうあったほうがいいのではないかということが議論できています。すごくやりやすい環境で仕事をさせていただくことが比較的多いです。

ランドスケープが求められる時代

木川　最近仕事をしていて感じることですが、事業者さんが外の空間が大事であるという認識をさらに強めてきています。コロナの影響ももちろんあると思いますが、外という空間に対する期待や充実させたいという想いを肌で感じることが増えています。

オウミ　この状況は、社会が過渡期を迎えていることを示しているのかもしれません。これまでのやり方ではうまくいかない場面が増えています。都心でも地方でも、そして日本でも海外でも同じです。

こうした新しい課題に対して、ランドスケープデザインがひとつの解決策として可能性を持っていると、多くの人が感じているのではないでしょうか。

これまでは「自然と人間」「自然と都市」の関係において、人間が自分たちの快適な空間・環境をつくるために、自然環境を制御し、人工的な環境を整えるような対立的なアプローチをとることが多かったかと思います。もちろん、無理やりではありませんが、人間の生活を支えるために多くの投資をしてきました。ただ、そのなかには無駄もあり、社会に余裕があるときはそれが問題にならなかったのですが、余裕がなくなると同じ手法では通用しなくなってきてます。その結果、対立するだけではなく、もっと柔軟な関係をつくる必要が出てきたのだと思います。そして、そういった柔軟な関係をつなげる手段として、ランドスケープデザインが役立つのではないかと考えています。個人的には、ランドスケープデザインが持つ特性が、新しい解決策として使われているように感じます。

アメリカでも同じ傾向があります。都市のなかでも、例えば地球温暖化や海面上昇への対応において、ランドスケープデザインが重要な役割を果たしています。都市のマスタープランを見直す際、都市計画家や建築家ではなく、ランドスケープアーキテクトが中心となって再設計するケースが増えています。

ランドスケープの新しい可能性を示した 2019 北京花万博出展パビリオン「万花筒」

スマートトポグラフィー

2019 年に開催された北京花万博において、パビリオン「万花筒」の設計に携わり、本来ランドスケープが持つパフォーマビリティー（機能性）に着目することで、新たなランドスケープデザインの可能性を実験的に試みる機会を得ました。プロジェクトでは、地形を意図的にかつ丁寧にデザインし、多様な地形のタイポロジーを造形することで、その地面が持つパフォーマビリティをコントロールすることができる「スマートトポグラフィー」というインテリジェンス（知）の詰まった地形デザインを考案しました。

このコンセプトのもとで造成された地形は、敷地内の雨水を効果的に集水、貯水、そして循環させることや、人の動きや行動を誘発させる環境をつくることができると考え、地面のパフォーマビリティと、地形と水の関係を明確化することで複雑化する都市生態環境において、ランドスケープの新しい可能性を示すプロジェクトを目指したのです。

ネットゼロウォーター

敷地周辺の気候や年間降水量、地下水、地質などについて調査をすると、このエリアは乾季の間は水不足になること、土壌の大半が粘土質であること、比較的高い地下水位が雨水の地下水涵養を困難にしていることがわかり、雨季の間に降る敷地内の雨水を効率的に集水、貯水、循環させ再利用するネットゼロウォーターというコンセプトが最適なモデルとして採用されています。

このネットゼロウォーターを達成するために、パビリオンへの動線を考慮し東側の正面エリアを人が集まりイベントなどの開催も可能なゲートウェイプラザとし、北側を連続する丘と谷からなる集水エリア、西側にその集水した水を受け入れる人工湿地のある貯水エリア、そして南側にはウォーターガーデンと地下タンクを有する水循環エリアとしました。

デザインプロセス

デザインを進めるにあたり、私たちはモデリングクレー（粘土）を使い、水や人の動きをイメージしながら直感的にランドスケープの動きやスケールをスタディーしました。このスタディーモデルをベースに水や人の動きのダイアグラムを作成し、カタチとコンポジションを調整しながら彫刻的な地形を造形していきました。

こうしてできあがったクレーモデルをデジタル化することで、地形の傾斜、尾根や谷、窪みの位置、大きさ、関係性を正確に理解し、この地形が持つ機能性を数値解析することが可能になったのです。このモデルをベースに、ウォーターエンジニアが雨水管理のシミュレーションスタディーをすることで、私たちが提案した地形を科学的に分析し、適切な改善点を提案、私ちはそれらのデータを元に再度クレーモデルを調整するというプロセスを繰り返しながら各エリアにおける集水域の容量や水の流れを把握し、人工湿地、ウォーターガーデン、貯水タンクの間での水循環プロセスを定量化することを可能にしました。

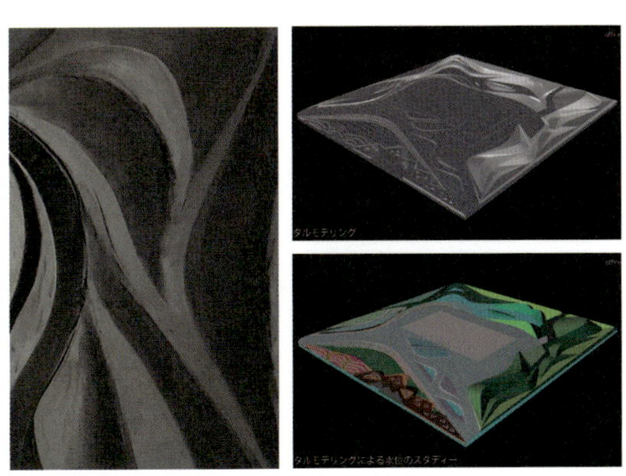

クレーモデルとデジタル化

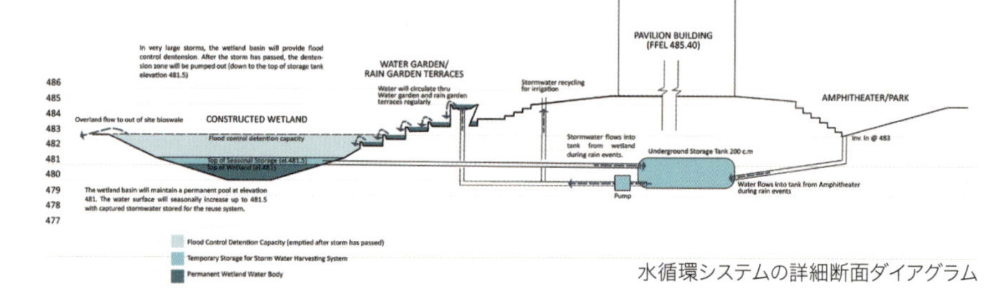

水循環システムの詳細断面ダイアグラム

クレイモデルとデジタルモデルを併用することで、アートと科学の融合的なプロセスが可能となり、ネットゼロウォーターに最適であり、かつ風景としても美しい地形に辿り着くことができたと考えています。

貯水エリア　集水エリア　水循環エリア　イベントエリア

ランドスケープアーキテクトの職能

ランドスケープアーキテクトには、さまざまな状況を包括的に見たうえでプロジェクトを扱える職能が備わっているはずで、ランドスケープアーキテクトとしてのDNAにはさまざまなコトやモノ、分野、そして時間を横断できる力量が組み込まれているはずです。ランドスケープアーキテクトは、土地のポテンシャルを読み取り、そしてその価値を高めるプロフェッショナルです。ですからあらゆる分野に視野を広げることが重要だと思っています。

貯水エリア

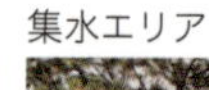

集水エリア

水循環エリア

イベントエリア

将来のランドスケープアーキテクトに向けて。

ランドスケープアーキテクトに求められる資質

木川　私が思うのは、この仕事に限らずだとは思いますが失敗も成功も経験をした方がいいということです。私たちは空間をつくる、人と地球の接点をデザインできるという仕事なので、これまでの体験や経験でデザインすることができると思っています。さまざまなことに興味を持ちながら能動的に学び・体験・経験できる人が最終的には、しっかりとした自分の想いや考えを持ってデザインできるランドスケープアーキテクトになれるのではないかと思っています。遅咲きでもいい。

市川　気になった場所に行ってみるという経験や体験は大事だと思います。僕は留学したアメリカで多くの刺激を受けました。ランドスケープという言葉が生まれた場所というか、ランドスケープと言えばアメリカ、オルムステッドから始まった歴史がありますので。留学中にいろいろな人たちの設計した場所に実際に行ってみると、スケール感だとか風だったり緑だったりとかの感覚を直に肌で感じることができました。現場で初めて自分の中に取り込めることがあると思います。さまざまなプロジェクトに自分の足で訪れ、場所を感じることができたということは、いま仕事をしているうえでも自分の財産になっています。

大学院生だったとき、入学したときはこれがやりたい、あれもやりたいと希望を持っていたとしても、修了が迫るにつれて就活してなんとか就職に結びつけなくてはいけないみたいな強迫観念に襲われて、結局ランドスケープデザインとは別の道に行ってしまう人が多いのかなと感じていました。加えて現在活躍されている多くのランドスケープアーキテクトが、日本の大学院を出た後に海外の大学院に行ってMLAを取り、そのまま海外の事務所で仕事をしてから戻ってくるという流れを、王道のように捉えている学生の方も多いように感じます。私個人はいろいろな道があっていいと思うし、建築をやっていた人がランドスケープに来ることも大歓迎ですし、個人の多様な経験が活きるフィールドがランドスケープデザインだと思っています。だからやりたいのであれば、飛び込んでしまうのもいいのかなと。業界としては、ランドスケープの設計とかデザインをやりたいけれどどうしようかなと思わせない雰囲気にしていくべきだと思っています。

オウミ　僕は、基本的に私たちの仕事はひとりではできないものだと考えています。アトリエ系の事務所ではひとりのトップが全体を指揮するスタイルもあるようですが、、我々が目指しているのはそうではありません。デザインの段階では、ひとりで考えるよりも、皆で考えるほうが良い結果が生まれると思っています。ある程度方向性が見えてきたらプロジェクトリーダーが引っ張るべきですが、プロジェクトを進めるには多くの人の力も必要です。お互いに支え合う関係を築けることがとても大事だと思います。

特に、私たちのような小さなオフィスでは、こうした関係性を自然に築けることが大変重要だと思います。ただし、そのためには積極性が不可欠です。受け身でいるのではなく、助けるときも助けられるときも、自ら一歩踏み出して関わることが大切だと思います。お互いが一歩前に出ることで、持ちつ持たれつの関係がうまく機能するのだと思います。

ランドスケープの仕事は、ひとつの答えですべてを解決できるものではありません。いまの時代は、特定のスタイルに固執するのではなく、プロジェクトや社会課題に応じて柔軟に対応することが求められています。扱うべき要素が多様化しているため、ひとつの方法論だけでは対応できなくなってきていると感じます。

office ma

office ma（Tokyo）
〒150-0033 東京都渋谷区猿楽町30-3 ツインビル代官山A-601
TEL.03-6455-2050　E-mail:info@office-ma.com
H.P:https://www.office-ma.com/
設立／2019年3月
Founder／オウミ アキ

■STAFF
木川 薫｜市川 寛｜下村和史｜三澤誠也｜

office ma（SanFrancisco）
1536 Noriega Street Suite 301
San Francisco CA 94122 USA
設立／2013年12月
Founder／オウミ アキ

■主なPROJECTS／2013～2022
｜**2014年**｜In the FOREST　｜**2015年**｜Quarry Park
｜**2018年**｜杭州万科 Yellow Dragon、杭州万科 Light of Future（1期）　｜**2019年**｜北京花博万科パビリオン
｜**2020年**｜Otemachi One（1期）、杭州万科 Canal Town　｜**2021年**｜Ginza Exotic（銀座通りストリートスケープ）、ブランズタワー豊洲　｜**2022年**｜Otemachi One Garden

杭州万科 Yellow Doragon

北京花博万科パビリオン

杭州万科Light of Future

Ginza Exotic

杭州万科Canal Town

Quarry Park

ランドスケープアーキテクトの
群像

大木 一 OttO design Inc.

場のポテンシャルを引き出す ランドスケープデザイン。

Hajime Oki
ランドスケープアーキテクト
都市デザイナー
株式会社オットー・デザイン代表取締役
1976年静岡県出身。東京農業大学造園学科、早稲田大学芸術学校卒業。早稲田大学大学院修了。アプル総合計画事務所などを経て2016年株式会社オットー・デザインを創設。受賞歴／グッドデザイン賞(2019、2024)、愛知県建築士事務所協会愛知建築賞奨励賞(2022、2023)、日本都市計画家協会まちづくり奨励賞など。早稲田大学都市・地域研究所招聘研究員、早稲田大学・京都芸術大学(通信教育課程)非常勤講師、国立市まちづくり審議会委員、文京区景観アドバイザー、一般社団法人ランドスケープアーキテクト連盟(JLAU)理事。

あなたの
原風景について。

引っ越しが多かった子ども時代

僕には原風景と言える特定の風景はありません。と言うのも、父がいわゆる転勤族で、3年に1度くらい引っ越しをしていました。幼稚園2つ、小学校は3つ、中学校は2つと転校が多かったです。一時沖縄にいたこともありましたが、それ以外は本州で、金沢、静岡、山口など転々としていました。
どこも田舎でしたので、いまも地方の仕事に行くと電車から外の景色をぼんやりと見ていることがあります。田んぼのなかに戸建て住宅が混在している風景が、子どもの頃の身近な風景だったと思います。思い返してみると、丘の上から斜面を見下ろすような風景と平坦なところから見える風景は違うということを、なんとなく感じながら風景を見ていたことを思い出します。
金沢に住んでいたとき、ひと晩で雪が積もる現象が好きでした。昨日とはまったく異なる風景がひと晩でつくられることに感動していました。
いつの頃からか商店街の風景が好きになるのですが、その理由はよくわかりません。そういう環境で暮らしたことはありませんでした。大学進学に合わせて東京に出てきて、下北沢によく遊びに行っていましたが、その際に下北沢の雰囲気が好きになりました。事務所がある池ノ上の雰囲気も下北沢とは異なりますが気に入っています。人の顔が見える街の風景が好きなのだろうと思います。ですので、こういう場所とか郊外の仕事になるとはりきってしまいます。
もしかしたら父が寅さんの映画が好きで、僕もよく一緒に見ていましたので、映画に出てくる柴又の雰囲気が影響しているのかも知れません。

ランドスケープアーキテクト
を目指したわけ。

自分に自信が持てなかった新人時代

東京農業大学を卒業後、都市計画のコンサルタントに入社しました。その事務所はプランニングを主な業務としていました。あまり大学で勉強していなかったからだと思いますが、なかなか事務所の期待に応えられなくて、このままではまずいなと思っていました。
その頃、早稲田大学芸術学校の都市デザイン学科（当時）で学んでいる学生がアルバイトに来ていて、学校の話を聞いたところ興味を持つようになりました。都市デザイン学科は建築をベースにランドスケープやアーバンデザインのスタジオがあり、先生は実務の人がほとんどという学校でした。
当時、コンサルタント仲間との勉強会で横浜の天王森泉公園を見学したことがあり、そこが公園らしくない公園という印象を受け驚いたことを覚えています。そこでは移築された農家住宅や畑があり、わさびなどをつくっていて農業公園と言えるようなつくり方がいいなと素直に思いました。その公園の設計をしている人が早稲田大学芸術学校の先生として教えていることが分かり、ここしかないと思い入学しました。
学校は3年制で、1年目は建築学科と一緒に授業を受けたのですが、そのときに初めて建築の面白さを知りました。というのも農大で勉強していたときは建築の話題はなかったので、建築家の設計する作品や建築の視点で見たランドスケープの見方は新鮮に感じました。

市民参加とデザインの関係性について研究

卒業後、早稲田大学の佐藤滋研究室の修士課程に進み、まちづくりのプロジェクトを研究していましたが、修士論文のテーマをどうしようかと考えていた

影響を受けた
人、本、言葉、プロジェクト。

ときに、天王森泉公園を思い出しました。僕は市民参加型で公園をつくることに興味を持っていたのですが、その当時は住民参加で進めたのだけれども、できたものが住民の個々の意見を活かすというよりも意見を総括した最大公約数的なものになりがちだと感じていました。多目的広場という名目の広い広場が真ん中にあり、公園全体のデザインを見たときに曖昧なデザインになっているのではないかと。もう少し空間としてのデザインをやれないものかなと思っていたので、市民参加のプロセスとデザインのプロセスの関係性に言及したいと思い、そのことをテーマに修士論文を書き上げました。
研究室は、建築学科の中の都市計画でしたので公園について研究しているのは僕しかいなくて、周りからはランドスケープの人という感じで見られていましたが、自分自身ランドスケープデザインの実務は経験していませんでしたので、自分がランドスケープの人という感覚はありませんでした。でも、ランドスケープデザインはずっと好きで興味を持っていました。
ランドスケープに対して憧れを持っていた時代は結構長く、アーバンデザインの事務所で働いたり、土木景観のデザイン事務所で仕事をしたりと、ずっとランドスケープデザインの周辺をうろうろしていました。独立してから本格的にランドスケープデザインの仕事を始めたという感じです。

恩人と影響を受けたプロジェクト

恩人はたくさんいます。早稲田大学の佐藤滋先生からは、物事に対して突き詰めて考える姿勢を教えてもらいました。天王森泉公園をデザインした奥村玄さんとは、ワークショップなどでいまも一緒に仕事をさせていただいていて、常に市民を信じて声を聞き続ける、応援し続ける優しさを感じます。そして、アトリエUDIの望月真一さんや独立する直前まで在籍していたアプル総合計画事務所の中野恒明さんからは仕事への厳しい取り組み方を学びました。
いろいろな意味で迷っていた自分をこの道へと導いてくれた皆さんには感謝しています。何より、遠回りした自分を信じ、支えてくれた妻には感謝しています。事務所を共同経営していることもあり、いまでもよき相談相手になってくれています。
影響を受けたプロジェクトは先ほども話しましたが天王森泉公園と、その対極にあるピーター・ウォーカー氏とオンサイト計画設計事務所による神戸の播磨科学公園都市です。このプロジェクトでは磯崎新さんなどの建築家とピーター・ウォーカーがマスターアーキテクトとしてアーバンデザインをしていたのですが、さまざまなところまでデザインされていて、それを見たときは衝撃でした。特に植物を材料のように扱っていて、こういう世界もあるのかと感動しました。
農業公園のような市民の人に好きに使ってくださいというある意味曖昧なデザインと、播磨のような緊張感のあるデザインという対極のデザインをほぼ同時期に見て、デザインに対する幅の広さを感じました。それを機にランドスケープデザインに対する魅力が増したと思います。

設計で大事にしていること。設計手法。

声を聞き、場と向き合う

僕の事務所は仕事の幅があって、空間のデザインをする仕事もあるし、そうでない仕事もあります。いずれの場合も、必ずリサーチから取り組みます。その土地の歴史的な文脈や地形、その地域の産業的なもの、生業ですね。そこで生活している人たちがどういう生活をしているかとか、どういう人が住んでいるのかということを必ず調べるようにしています。
独立する前は公共の仕事が多かったのですが、独立してからはその割合が年々変わっていて、現在は民間の仕事が７割ほどで３割が公共の仕事になりました。コロナ禍以降ランドスケープに価値を求める民間事業者が増えていることも要因だと思います。そのなかでも地方都市の仕事が多いのですが、必然的に外部空間の規模が大きいことが多いです。そうするとその土地の外部空間の価値に意味を持たせることが大事になるケースが多くなります。施主もそれを大事にしてくれ、理解もしてくれます。特に民間事業では、外部空間のあり方をどう意味付けするかがプロジェクトの成否に直結しますので、建築家よりも先に僕らに声がかかることもあります。公共事業の場合は基本的に予算が厳しく、維持管理に割けるコストや労力も限られているので、どこに投資するのか、運営なども含めて最初から市民とともに進めていくという視点になることが多いです。
プレゼンにおいては、基本的にテーマやコンセプトを言葉で伝えるようにしています。リサーチの結果、こういうところが大事であり、ここは残していくべきということが浮かび上がり、それを基本にコンセプトのキーワードを設定し、それを取りまとめる形でコンセプトワードとラフなイメージスケッチやイメージ写真を使ってプレゼンします。そしてその後デザインに入ります。
地形については、無理して触ることはしないです。ですが、少しなだらかにした方が水捌けも良くなるし植物の生育環境として良くなることはあるので、そういうときは必要要素として触ることはあります。
僕のバックボーンにはいろいろな要素が存在していて、ベースは造園ですが、建築的な視点もあるし、市民参加の仕事もずっとやっているし、土木の設計もやっていたしコンサルタントもやったりしているので、周辺領域を経験しながらランドスケープデザインに行き着いたという感じです。
市民が参加をすることでできるデザインもありますが、誰のためのデザインかと考えたときに、僕らは使う人のためのデザインだということを徹底しています。そのうえで人々に綺麗だなとか、行ってみたいなと思わせるのも僕らランドスケープデザインの領域ですので、そこも目指してデザインしますが、もし使ってくれる人がいない場所になっていたとしたら僕のなかでは失敗だと捉えます。そうならないためにも市民の声を聞くことは必要なプロセスだと思っています。

場所のポテンシャルを引き出すことが僕らの仕事

現在関わっている奈良のプロジェクトがありますが、ここは古民家を改修して「やたきや」という宿泊施設に変える仕事でした。お話をいただいた時は、古民家の坪庭をデザインする仕事かなと想像していたのですが、実際にその古民家とその周辺の環境を見たら想像を超えるもので、すっかり魅了されてしまいました。そういうものを目の当たりにしたとき、僕はそのものが持つ魅力を邪魔しないようにしたいと考えます。余計なものを取り除いて、少しだけ手を加えたらいいという姿勢で臨むことにしています。ここでもそうしようと決めていましたが、古民家の周辺の風景が素晴らしく、その風景を楽しんでもらうためにさまざまな場をつくったらどうでしょうかという

やたきや
【上段左】俯瞰
【上段右】スイートルーム庭
【下段左】切り株のスツール
【下段右】めぐみの庭

提案をしました。それはまさにランドスケープデザインによる価値づくりだと思っているのですが、ちょっとしたデッキを設置するだけで人が過ごせる場になったり、椅子を置くだけで特別な場所にもなったりします。その場所が持っているポテンシャルを僕らがどう引き出すかということがランドスケープデザインでは大事だと思っています。
先ほど話したように、最初は古民家をホテルにするということで呼ばれたのですが、建築もさることながら周辺環境がすごくいいと思い、すぐにその場でスケッチを描いてこの場所をこうしたらいいのではないでしょうかと気がついたらプレゼンしていました。周辺に様々な地形があり使える環境がありましたので、古民家として計画していたプログラムを環境ごとに展開できるような整備をやっていったらどうでしょうという提案をしたところ、施主はそこまで考えていなかったようで、とても気に入ってくれました。結果的に、ほとんど僕の提案のままにつくることになり、コンセプトを立ててデザインを進めていきました。たとえば、すごく気持ちのいい風が吹く場所に「恵みの庭」をつくる。管理がされていない杉林を林相展開しようという計画に対して、みんなで苗を植えて学べる環境教育ができる「学びの森」という場所をつくってはどうでしょうとか、別の場所にある杉林はリラクゼーション効果のある森だなと感じましたので、そこは瞑想ができる、ゆっくりする場所をつくりませんかなどいろいろな提案をし、すべて受け入れてもらいました。庭以外は大きく手は入れずに、ほとんど何をやったかわからないような状況です。施工作業は住民も参加してもらい、地元の石工さんや造園屋さんはプロジェクトの趣旨に賛同いただき、実費程度の費用で施工してもらっています。
施主は第二弾のプロジェクトをやろうと考えていて、近くにほとんどが空き家になってしまった集落があるのですが、空き家を宿泊施設に改修したり、公共施設を活用したり、また他の建物ではカフェにして人が集まる場所にしようということを計画しています。この計画に僕は初期段階から参加していて、どの家屋を改修するかというところから一緒にやっています。プロジェクトの方向性を定め、カフェにする家屋を決め、宿泊施設にする家屋を決めという具合で、ここではランドスケープのデザインではなく、全体のプロデュースをするという立場で参加しています。ここはずっと関わり続けていくことになると思いますが、ビジョンを共有する人と一緒に仕事をさせてもらえることは幸せなことだと思っています。

想いに応え、風景を残す

早稲田大学の非常勤講師を務めているのですが、「まちづくり演習」という授業で他の先生方と地方都市の将来像を描くというテーマで山形県の鶴岡市を取

小諸蒸留所
【左】俯瞰、【中】試飲室からの眺め【右】テラス
(写真:左・中=©SOGO AUD)

り上げました。鶴岡市は平成の大合併のときに6つの市町村が合併したのですが、中心市街地ではない郊外の地域と言われているところの将来像を描くという課題に取り組みました。中山間部は人口がかなり減っていて、あと5年くらいでどんどん集落がなくなっていくのではないかと思います。その状況に対して将来像を描くことの難しさがあり、市民全員が幸せになる将来像を描くことは困難で、ある程度の選択と集中ということを考えなければいけません。
日本の自然の力は驚異的で、人がいなくなった途端に植物が一気に生えてきます。そこを元の状態に戻すだけでも大変です。ですから、そこを使うのであれば人が住んでいるうちにバトンを受け取らないと難しい。マイナスをゼロに戻すだけでも大変なのです。地域の中のしきたりも大事で、そこは住人に話を聞くなりしながら一緒に進めていかないと失敗することは目に見えています。奈良でやろうとしていることは、いま住んでいる人は大事にして、そこに住んでいる人がいいと思うことを僕らは提案しないといけないということを大切にしています。
地域に入るプロジェクトのときに、ランドスケープの人は入りやすいと思います。特に僕はまちづくりを仕事にしていたので、まったく違和感なく入れます。ランドスケープのデザインで解決するというよりは、その場所の風景をどう残していくかとか地元の人たちの想いにどう応えるかということが重要になります。アウトプットだけがランドスケープデザインではないと考えているところはあります。

想いを共有できる人とのコラボレーション

「風景」には時間の積み重ねというイメージを持ちますが、「景観」という言葉からはコントロールされた人工的なものという印象を持ちます。風景を大事に

するということは、先人たちが積み重ねてきた時間や暮らしも含めて引き継いでいくことだと思っています。

長野県でウィスキー蒸留所のランドスケープをデザインしたのですが、森に囲まれた貯蔵庫棟という施設はどうあるべきかという視点で考えた結果、如何に風景として消えていくかを目指して計画しました。一方で、お客が来る蒸溜所棟は少し華やかにするというコントラストをつけたランドスケープをデザインしました。自然風景をどうつくるか、かたや庭園風景をどうつくるかということに取り組みましたが、言い換えると周りの風景に如何に馴染むか、また如何に差別化するかというところがランドスケープデザインを考えるスタート地点になりました。

特徴的な出来事としては、ウィスキーを熟成させる貯蔵庫を建てる敷地にはとても立派な木々があり、この木々だけは残せないかということを現場で話し合いました。敷地全体としては造成工事が必要でしたが、その木々がある場所であればレベル的にさわらなくても済みそうだということもわかっていました。同行していた建築家も賛同してくれて、大きな木々を残せるのであれば、ここから見える風景は大事にしましょうとそこで新たな方向性が生まれました。建物はフレーミング効果を計算して設計され、貯蔵庫からデッキを伸ばし、ウィスキーを試飲できる心地よい試飲スペース室としました。最初から声がけをしてもらい建築家と一緒に敷地を見に行き、早い段階から視座を共有できたことが大きかったです。このプロジェクトは建築とランドスケープがひとつのチームとして取り組めたプロジェクトだったと思います。

小諸蒸留所、蒸溜所棟（写真＝©SOGO AUD）

大森駅東口駅前広場のリニューアルでは、もともとあった花壇を管理していた市民 NPO のガーデナーと宿根草や多年草を使ったナチュラルガーデンの植栽計画をしています。そのガーデナーとは現在進めている世田谷の広場でも偶然一緒に仕事をしていますが、そういう方がチームに入ってくれると心強く感じます。大森駅東口駅前広場では、ガーデナーのほか、照明デザイナーとグラフィックデザイナーとも一緒に仕事をしました。もともとこの話が始まった背景は、大森駅周辺の街づくりにずっと携わっているコンサルタントからの依頼でした。最初は僕らとコンサルタントで取り組んでいて、その後グラフィックデザイナーの人に入ってもらい、次に照明デザイナーが入り、最後にガーデナーが入ったという形です。計画を進めるなかで必要に応じて仲間が増えていきましたが、こういうことができたのは役所の人が理解してくれたことが大きかったです。リニューアル前は、地元では子どもは近づくなと言われていたほどの場所だったようですが、リニューアル後は若いカップルがデートをしていたり、女性がひとりでベンチに座っていたりという光景を見て、やってよかったなと感じたプロジェクトです。

大森駅東口駅前広場広場
【上段】夜景の俯瞰
【下段】広場の様子

ランドスケープと社会との関わり。

ランドスケープは社会課題に積極的に関わっていくべき

僕のなかでは、ランドスケープに限らず社会と関わりがない仕事はないと考えています。関わり方はいろいろありますが、ランドスケープについて言いますと、例えば気候変動の問題に対してもっと積極的に関われるようになった方がいいと思います。それには政策的な視点が重要になりますが、自分も含め実務としてやっている人たちももっとコミットした方がいいと思います。また、災害の復興支援にももっと率先して関わっていくことが大事だと思います。

2024年の新年に発生した能登半島地震の復興の状況はずっと気になっていて、空き家などが解体待ちになっている状況のなか、解体された後どうなるかと考えるとほぼ空き地になることが予想できますが、そうなると先ほども言いましたが植物が一気に生え、その間にポツポツと民家が残っている状況になってしまいます。そのとき、まちづくりやランドスケープの視点で風景をどうつくっていくかということが大事になると思いますし、そういう関わり方をするべきではないでしょうか。

東日本大震災のときは、区画整理事業が主になり山を切ってその土で嵩上げしてというような土木的な対応になってしまいましたが、ランドスケープの人たちは地形を残しながら造成量をいかに減らせるかというスタディが得意のはずで、そういう関わり方ができなかったことにいまでも残念な思いを持っています。もちろん、すべてが土木的な事業に終わったわけではないことは知っていますが、もっとできることはあったはずだと思います。

土木にランドスケープの視点をいかに持ち込むかということ、また人口減少に対してまちづくりやランドスケープの視点で何ができるか、そして気候変動に対して何ができるかなど社会が抱えている課題に対してランドスケープがやれることは多いはずで、そのためにはランドスケープからの発信も必要だと思います。

ただこれは個人ではどうにもならないことが多いので、みんなで取り組まないと難しく、ですからJLAU（一般社団法人ランドスケープアーキテクト連盟）のような組織は重要で、ランドスケープの業界としてどう発信をしていくかということが大事だと思います。

僕らランドスケープデザインに携わる人間は、大きなスケールで見るときもありますし、ぐっと寄って小さなスケールで見るときもあります。その振り幅はとても大きいと思いますが、常に俯瞰しながら物事を見ることができることは、僕らの強みだと思います。

また、ランドスケープデザインの仕事をもっと地方でやるべきだと僕は思っています。地方は危機的な状況を迎えているところもあり、いま手をつけないと後戻りができない状況になると思います。そういう状況に対してまず何をするべきかと考えたとき、先手を打てるのはランドスケープだと思います。いきなり建築に投資をしようとしても予算がなくリスクも大きいので、まず小さくスタートするためにランドスケープでベースをつくる。最終的には必要な建築もつくるのですが、最小限の投資から始めて段階的に進めていくことが必要だと思います。

その場合、ランドスケープはプログラムで勝負する。僕らはそういうことに取り組んでいくべきではないかと思っています。

広い意味で、これからはランドスケープの再定義をする必要があるのではないかと僕は思っています。それは、単なる外構デザインを超えた価値をランドスケープは持っていると信じているからです。

将来のランドスケープアーキテクトに向けて。

さまざまな経験を仕事に活かせ

身近で学生を見ていると慎重だなと思います。興味はあるけれど自分は果たしてできるのか、また職業として生活していけるのかという不安ばかりを持っているように感じます。自分が見えているものでしか判断できない子が多いなという印象です。
そういう若い人たちに対しては、何かやりたいことがあれば自分を信じて進んで欲しいと伝えたい。ランドスケープについて言えば、社会的なニーズは確実にあるし、その必要性はこれから益々増えていきます。僕たちオットー・デザインは、ここでさまざまな経験をして多くのスキルを身につけて次に進んで行って欲しいと考えています。手に職を持たせることが僕の目標でもあり、スタッフには自分で食えるくらいのスキルは持たせたいと思っています。
「できる。できない」ではなく、自分がやろうと思うことが大事です。僕自身、特別な才能を持っていると思っていないし、持っていなかったから努力をしていまに至るというだけであって、難しい話ではないと思うのですが、時代背景もあるのか難しく考える傾向がいまの若者にはあるように思います。
昨年、ある大学の土木学科で1コマ話をさせていただく機会がありました。対象は3年生でこれから就活が始まる頃です。その際に、前半は僕の恥ずかしい経歴を赤裸々に話し、後半でランドスケープアーキテクトとしてその仕事について話をしましたが、前半の大学を出てコンサルタントに入って挫折をした話に興味を持った学生が多くて驚きました。皆さん綺麗な経歴に固執し過ぎていたので、ダメだったら次に行けばいいんだということをアドバイスさせていただきました。
物事の良し悪しや、好き嫌いはある程度の情報量がないと正しい判断はできません。さまざまな経験を通して自分の物差しがつくられてきて、これは違うとか、これは正しいとかがやっと分かるようになります。
これは学校教育だけの話ではなくて、過ごしてきた時間だと思います。どういう時間を過ごしてきたか。僕がデザインするときに大切にしていることは、さまざまなことを考えますが、最終的には自分の物差しをあてたときにしっくりくるか、どうかということです。大学を出てすぐにランドスケープ事務所に勤めなければなれないということはまったくありません。むしろさまざまな体験をして、経験を積んでからの方がいいかも知れません。
30歳を超えてのデビューでもまったく問題はありません。実際僕は40歳デビューでした。

大木一

OttO design Inc.

株式会社 オットー・デザイン
〒155-0032 東京都世田谷区代沢2-46-4 2F
TEL.03-6407-1063 FAX.03-6407-1064 E-mail:info@otto-d.jp
H.P:https://otto-d.jp/
設立／2016年7月4日
代表取締役／大木 一

■STAFF
大木道子｜山本翔太郎｜王 妍珺（Wang Yanjun）｜

■4×2＝8（オットー）のデザイン思想
つくる・つかう・つなげる・つたえる×まち・すまい
私たちは、美しいものを「つくる」という行為だけではなく、つくった後にどのように「つかう」のか、を重要視したデザインを進めていきます。つくるプロセスにおいて対話を通じて「つなげる」、つくった後もその場で誰かと誰かが「つながる」、今ある地域の資源を次世代へ「つなげる」ことを理想とした「つくる」を目指して行きます。また、私たちが持つノウハウや情報を、多くの人に「つたえる」ことで、よりよい社会・環境づくりに貢献できるよう活動を行っていきます。

■主なPROJECTS／2017～2023
｜**2017年**｜Audi Rinku Park、幸田みやこ認定こども園、岡山電鉄サインリニューアルデザイン、シモキタリング（進行中）　｜**2018年**｜糸島ロジスティクス＆ショールーム、軽井沢駅北口まちづくりデザインガイド、上板橋駅南口駅前（進行中）　｜**2020年**｜大森駅東口駅前広場、T地区街路　｜**2021年**｜青松こども園ゆりかご、東海医療技術専門学校、愛知県営上和田住宅　｜**2022年**｜やたきや、結ファミリークリニック、M邸、五井プロジェクト、愛知県営初吹住宅、愛知県営上郷住宅、長谷寺門前町歩くまちづくり　｜**2023年**｜山座熊川、にじいろ保育園花園、押上北口・駅まえデザインワークショップ（進行中）、小諸蒸留所、イオンモール上尾、鶴岡公園正面広場・周辺道路、T邸

イオンモール上尾

シモキタリング

愛知県営上和田住宅

東海医療技術専門学校

山座熊川

幸田みやこ認定こども園

ランドスケープアーキテクトの
群像

藤田久数 sola associates

「総合デザイン」としてのランドスケープ。

Hisakazu Fujita
ランドスケープデザイナー
有限会社ソラ・アソシエイツ
1957年愛知県生まれ。1980年LDヤマギワ研究所入所。1994年ALS景観デザイン研究所設立に参画。1998年ソラ・アソシエツ設立。受賞歴／International Design Awards Gold。German Design Award Special mention。IIDA Illnumination Award-Excellence,Special Award。グッドデザイン賞。ランドスケープコンサルタンツ協会CLA賞設計部門最優秀賞 他多数。

あなたの原風景について。

「創造と破壊」「落胆と希望」の原風景

私は 1957 年生まれの愛知県出身で、まさに高度経済成長期の前半に幼少期を向かえています。遊び場は雑木林と田んぼで毎日のように陽が暮れるまで外で遊んでいました。しかし、次第にいくつかの遊び場は都市化へと景色は著しく変わって行きました。
子どもの基地があった雑木林は伐採され、土が剥き出しになり、土壌改良され固められて段状に折り重なる宅地造成という広大なアースワークのような(聞こえは良いが…) 土の幾何学的な景色へと変わっていきました。
雑木林・田畑の里山の風景と都市化に移り変わる乾燥した造成風景。この相反する景色が私の原風景の基点になっていると思います [1]。
自然な遊び場を失い、落胆しながら健気にも変わっていく景色を夢みていました。未来の都市像にワクワクしていたことを覚えています。そんななかでよく写生と未来の予想画を描いていました。
家では、庭の一画に箱庭をつくって遊んでいました。土を盛り、石を埋め込み、草や枝、さらに金属、プラスチックの端材を使い、水を溜める、流すといった遊びに夢中になっていました。これほど楽しい遊びが他にあるのだろうかと、子ども心に気持ちを高揚させていました。これはいまの職業とまともに絡んできますので、まるで辻褄合わせをしているかのように聞こえますね。でも本当のことです（笑)。
また、原風景は「創造と破壊」などと大袈裟なことを言ってますが、身の周りの環境は実際に“壊すとつくる”という激しく移り変わる時代であったように思います。その後、良くも悪くもこの相反する二面性が常に私の中で行ったり来たりしていました。
インダストリアルデザインを学ぶなかで、デザインすることは「創造と破壊」だと言った輩たちがいましたが、そんなことを実感しながら、次第にデザインの捉え方は今まであった守るべき存在、継承するべき存在と時代と共に新しく変化する状況の間を行き来するように探り、考えることだと思うようになりました。

[1]雑木林と田んぼと都市化される風景

[2]石と樹々への畏怖

ランドスケープアーキテクト を目指したわけ。

祖父母に教えられたこと

幼少期の風景の記憶に祖父母の存在があります。祖父は鋳物工場を営んでいました。私は大人たちの目を盗んで工場に忍び込み、鋳造するために使う砂で遊んでいました。おそらく、ものづくりの現場の記憶の始まりだと思います。いまでもぼんやりと工場の匂いとそこに差し込まれる採光の記憶があります。
匂いと言えば、祖母に寺や神社へよく連れられて行きました。その佇まい、線香の香り、人の振る舞いの光景は自分のなかに染み込んでいると思います。また祖母には、よく叱られていました。「ご飯粒を残すんじゃない！ ものを粗末にするんじゃない！ バチが当たる！」と。山にも連れられて行きましたが、そこで出くわす石、樹々に畏怖を感じていました [2]。
日本人は無宗教と言われがちで、教会でクリスマスを終えると数日で正月を迎えて神社に行き、手を合わせる。行けば寺で線香をあげる。では日本人の大半は何を信じているのか？ 民話の世界にも生活にも影響を与えているのがアニミズムでしょう。あらゆるものに神様の存在がある、だからものを粗末にしない、食事は命をありがたく頂くという態度です。このアニミズムの生活習慣は、原風景というか心の中にある“原光景”と言えると思います。
手繰り寄せれば幼少期の原風景は幾重にも折り重なり、大人になってからも出くわす体験や自然現象をきっかけに記憶とつながり、濃度を高めたり、また錯覚もしながら光景となり、つくろうとする景色に影響を与えているのではないでしょうか。

自然の光に照らされる“ランドスケープの世界”へ

私は早くからデザイン畑を志願していますが、いくつかの変遷を経て30代半ばからやっとランドスケープの世界に入っています。高校はデザイン科に進み、グラフィックデザインやプロダクトデザインを学んでいますが、大学受験をする際に予備校に通いデッサン、平面構成、立体構成を改めて習いました。そこで建築家である島好常氏（島好常・島いずみ建築研究所代表。当時は芸術大学の建築学科の大学院生）よりデッサンを学ぶことになり、そこで空間の見方をはじめて知りました。テーブルの端から端までの距離感を見ないと描くことはできない。“もの”に触れた感触、匂い、叩くとどんな音がするのかを感じないと描けないと指導を受けました。島氏が志す建築は風景と共にあるもので、例えば中庭に樹々を植え、その成長と共に暮らし、時間や季節変化を感じ取る。その見方に感性の豊かさが育まれることが伝えられました。自然と人の間にあるデザインのあり方の根底を学ぶ態度です。10代の終わりであった受験生の私に大きな影響を与えました。この世界の見方、出会いはのちにランドスケープを選ぶきっかけになっています。大学ではもう一度グラフィックデザイン、プロダクトデザインを学び、環境デザインを選択しています。
大学卒業後、照明の研究所に就職しました。その研究所は主に建築を対象とした照明デザイン、計画を行う会社でしたが、他のデザインとは異なり形を持たない光の存在に魅力を感じました。照明の基礎を学ぶにあたり、自然光の見方を知ります。北半球に位置する日本の例となりますが、朝は太陽が東から上り南周りの角度を通り、西に沈む。そして薄暮へと、さらに夜の闇の世界へと移行します。このあたりまえの現象を捉えながら、気候・風土・時間・気象・季節変化など、様々な光景を体験したくて意識的に自然が感じられる郊外へ、また行ったことのない国・都市を朝から夜までヘトヘトになるまで歩きました。ここでの光と影・陰の見方を通して自然現象が映し出す世界を体感したことがその後の私の基盤になっていきます。
仕事は主に建築、外構を対象にした照明デザイン、計画でしたが、いくつかアート的なこともやるようになり、自然の光を捉えながら人工の光を仕込むという環境を取り込んだ造形をしていました。そのような日々を送る中、1990年前後からランドスケープデザインをかなり意識するようになっていきました。駅前広場の排気塔を包むモニュメント[3]のコンペをきっかけに、審査員であった戸田芳樹氏(本誌P.004にて寄稿)と出会いました。この出会いを引き金に、益々ランドスケープの世界へ進みたいと居ても立っていられない状況になったことを覚えています。
学生時代からどんなデザインの世界で生きて行こうか悩み続けていました。グラフィックデザイン、インテリアデザイン、プロダクトデザインを学び照明デザイン、環境アートを経て、自然の光に照らされるランドスケープの世界へと進むことになります。

[3] JR川越駅東口駅前広場モニュメント「時世」
(写真=金子俊男)

影響を受けた 人、本、言葉、プロジェクト。

10代後半から20代へ、30代前半へ

はじめに影響を受けた人と言えば10代の終わりにデッサンを通して、もの・空間の見方と自然の捉え方を教わった建築家の島好常氏。彫刻を通して物体の本質、日本のモダニズムのあり方を表現したイサム・ノグチ氏。その氏のパートナーであり石の表現者である和泉正敏氏からは、自然である石という素材にどこまで触れるか、その表現の緊張感のなかで本質を探る重要性を感じました。また、プロジェクトを通じて出会った建築家の谷口吉生氏からは、風景との関わりとシンプルで洗練された空間の美のあり方を感じました。
そしてランドスケープアーキテクトのピーター・ウォーカー氏は直接話す機会を得て、"アートとしてのランドスケープ"のあり方に触発され、ミニマリズムを通した日本の捉え方に可能性と新鮮なものを感じました。これらの人の影響を受けながらランドスケープへの門戸を開いてくれた戸田芳樹氏の存在があります。氏の作品の中で雪景色がモノクロで撮影されたものがあります。自然現象と人為の絶妙な関わりの中で静寂と普遍的な美を感じたことを覚えています。
他にも10代後半から30代前半は本当に多くの人たちに刺激と影響を与えられてきました。先に述べた人たちも含めて画家、彫刻家、写真家、現代美術作家、工芸作家、舞台演出家、ミュージシャン、ダンサー、映画監督、建築家、インテリアデザイナー、プロダクトデザイナー、グラフィックデザイナー、サインデザイナー、イラストレーター、コピーライター、照明デザイナーなど。そしてランドスケープアーキテクト、庭師、ガーデナーから現在も刺激をもらっています。
音楽ではパット・メセニー、ブライアン・イーノ、坂本龍一氏などシーンが浮かんでくるような曲がランドスケープの構想イメージの幅を広げてくれていま

設計で大事にしていること。設計手法。

す。また、呼吸・静けさ・澄み切った情景という点でキース・ジャレットのケルンコンサートははずせません。
映画では鈴木清順監督、リドリー・スコット監督、黒沢明監督、ヴィム・ヴェンダース監督はじめ、他にも独特の空気を放っている作品に影響を受けます。映像の世界に光と影、色彩、人の振る舞い、気配の表現に感性が触発されます。
ランドスケープに関わる書籍では『プロセスアーキテクチュア』[4]、ヨーロッパのランドスケープマガジン『TOPOS』、「アースワークス」の作品集、地球を俯瞰した写真集等々。光の世界では谷崎潤一郎氏の『陰翳礼讃』などが挙げられます。

[4]プロセスアーキテクチュア表紙

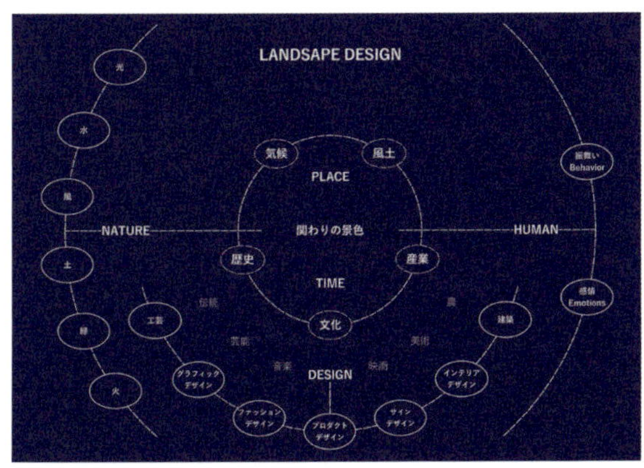

[5]「関わりの景色」ダイヤグラム

その場でしか成り立たないデザイン

関わりの景色

ランドスケープデザインは屋外を対象にした「自然と人の間における総合的な関わりの景色」であると捉えています。その場所ならではの気候・風土・歴史・文化、そして水環境・風環境・植生など土地の固有の影響を受けて成立するものであると考えます。そうした環境から育まれた伝統・芸能・工芸・音楽・美術・工業・農業などを関連付けることで、より豊かな空間になると思います [5]。
また、施設の内と外の境界が曖昧になり空間が一体となることで活動の幅が豊かになると考えます。そしてプロジェクトをつくっていくメンバーと連携して空間のあり方をともに考え、竣工後のメンテナンスについて、運営についても関わっていくことが大切であると考えています。

伝統とコンテンポラリー

また時代との関係でランドスケープ以外のデザインの動きを感知することも大事だと思っています。自らの感性を刺激し、時代のデザインの動きを反映し合うことも大事ではないでしょうか。このようなアプローチは普遍性と合わせて『伝統とコンテンポラリー』を意識したデザインとなり、人の振る舞いを踏まえた環境のつくり方が空間を活かすことになると。そこを大事にしたいと常々考えています。プロジェクトの性格に合わせ、昔からあったもの、変わらないものと新しいこと、変化することの間を振り子のように行ったり来たりしながら振れ幅を楽しみ、デザインすることを心がけたいと思っています。

自然の光に導かれる

デザインでは、光の現象をかなり意識しています。反射、吸収、屈折、透過、揺らぎ、光と影、陰影。先ほども述べましたが、太陽がどこから上りどのような角度を進み沈んでいくのかを、その場所での採光状況、影のでき方や反射など分析しています [6]。大切な視点場における光のコンディションは順光なのか、逆光なのかとても重要となります。外資系のコンパクトラグジュアリーホテルの例ですが、そのロビーラウンジのメインとなる庭は北側にあり、庭の手前半分は直射の陽が当たらない状況です。ねらいはゲストが到着した時の印象をいかに高め、“もてなしの庭”とするかでした。そこで陽が当りづらい側に黒い水盤を設えました。その奥の陽が当たる側には、樹々と苔のマウンドを配しています。したがって、リフレクションを利用して影となる黒い水盤に奥の順光に映し出された景色を鮮明に映すと言った光の現象を活用した庭をつくっています [7-1、7-2]。

また、別の事例になりますが、祇園四条のホテルの地下にある庭です。地上から約 5m の深さにある庭は東西に細長く、奥行き 3m のボーダー状のスペースで採光が厳しい空間となることが予想されました。建築設計者兼インテリアデザイナーとクライアントからは“妖艶”なイメージであって欲しいという課題が与えられました。悩みながら京都の街・寺を巡り思案しているなかでヒントを得ることができました。それは闇の奥にある微妙に光を放つ箔の姿です。そこで地下から地上まで伸びる壁に金箔、銀箔に見立てた磁気タイルを散りばめ、黒色、錆色タイルによ

[6]自然光のダイヤグラム

[7-1]ギャリア・二条城 京都　断面図

[7-2]ギャリア・二条城 京都（写真＝大成建設）

り鉛直面を埋め尽くし、闇に浮かぶ微妙な光を表現しようとしました。またその闇の壁の手前には、しなやかに曲線を描くドウダンツツジ、アオハダ、シダレモミジを植えて「妖艶の世界」を表現しました [8]。
川口の市立高校では、敷地が隣接する場所に映像メディアの施設があり、それをきっかけに光の三原色を主体とした色彩を中心にグラフィカルなペーブメントを表現するなど光から発想したキャンパスのデザインを展開しています [9]。
JR 京都駅烏丸口からすぐのところにあるホテルの例ですが、あまりにも駅に近いため、日本の空間作法である奥行きを表現したシークエンスを試みました。そのなかでも坪庭には最も奥行きのある表現をしたいと考え、真竹による垂直性の強い層状の姿に合わせて鏡面／ブラックステンレス 14 ミリ角パイプによる滝の表現を展開しました。それが真竹と周囲を反射、屈折させ、繊細な増幅効果をねらいとしました [10]。

[8] 京都グランベルホテル

（写真＝ [9] Blue Hours ／沖裕之、[8、10、12] 藤田久数、[11] 金子俊男）

[9] 川口市立高等学校

[10] ザ・サウザンド京都坪庭

[11] 八千代庁舎

[12]ザ・リッツ・カールトン福岡「BUSHO」の石

庁舎の建て替えに伴う広場のランドスケープは、歴史を紐解くと、この場所は森であったことがわかりその復元を提案したところ、この広場は多くの市民が集まる多様なイベント、盆踊り大会などを開催するなどオープンな場所にしたいという要望がありました。そこで森をメタファーとした広場とするために石を葉形に加工し、フラットに床に散りばめ、自由度の高い活動ができるデザインとしました。この葉形に加工した石は、朝から夕方までの空の様子を映し、夜は庁舎の室内の照明を映し、そして月明かりを映すペーブメントデザインとしました [11]。

空間作法

プロジェクトの性格上、日本の空間作法を意識することがあります。それは奥行き、重ね、透かし、見え隠れ、隔て、道行、借景、見立てなどで、どうしたら空間が活きるか視線の操作を行い、物語が生まれるか、面白くなるか、深みを与えられるかをシミュレーションします。

自分の皮膚感覚を信じる

現場をはじめて見に行くとき、通っているときもここに答えがあると皮膚感覚を通して感じるようにしています。

行かずにいくら念入りに資料を調べ辻褄が合っているような着想でも、人の感覚はその場所で違和感のあることに気付いてしまうからです。ここは時代が移り変わっても、危惧するべきことだと思います。

スケッチ、図面、模型を歩く

空間を検討していくなかで、描いた平面スケッチ、図面の中をしつこく歩くようにしています。道を描けば歩いてみる。ベンチを描けば座ってみる。樹々を描けば木陰を感じてみる。人の振る舞いを想定してさまざまな角度から空間を探ります。このようにシークエンスを仮想体験してみる。そしてさらに模型を何度でも巡ります。CG もありがたい存在ですがスケール感を誤解してしまうケースもあるので、鵜呑みにすると怖い存在ですね。また、稀に意識して足し算のデザインをするときもありますが、基本は余分なデザインはしないようにしています。そして、自然に委ねること、抗わないことも大切にしています。

石の存在『風景の源』

私は日本の石の存在に尊厳を感じています。その存在は深遠で神聖なものであると同時に「日本の美の源」になり得る可能性が内在していると思っています。そしてアートプロジェクトまたはアートのアプローチとして石を考えます。元となる掘り出された石を選定するとき、物語を想定するとともに空間にふさわしい量感・質感・形態を吟味し探っていきます。また、その石のもつ素性や魅力を最大限に引き出すためにはどのような表現が良いのか、その加工法はどうするかを踏まえ、できるだけシンプルで手数が少ないアプローチを心掛けたいと考えています [12]。その方が本質に触れられると感じるからです。

石の存在は普遍的な「風景の源」のように捉えています。自然風景の触れ方についても私たち人間が手を施す場合もいかにシンプルな関わりを持つかがその場所の元々の魅力を最大限に引き出すことに繋がるかと思うのです。

ランドスケープと社会との関わり。

心と身体とコミュニケーションの壮大な基盤

私たちを取り巻く自然、社会、環境は密接な関係を持ちながら変化していることが、益々過敏に感じられる時代になってきたと思います。新型コロナウィルスによるパンデミック以降から変化の加速度を激しく感じます。また、SDGsに掲げられている指標、気候変動においても切実な問題と捉えています。そしてウェルビーイングへの意識はランドスケープアーキテクトにとっても関連性のある重要な課題を含んでいます。

この頃は顕著に室内から屋外へと意識が向くようになり、室内からの活動が滲み出し、集まりが開放的な広がりを見せて、より多くの人が外に集まるようになりました。さまざまな営み、イベント等、活動の幅が広がり、半外部空間のバリエーションが増えるなど、新しい空間の体験が生まれてくると思います[13]。屋外でワイワイガヤガヤ集まることはもちろんですが、マインドフルネスのような静かな体験も得られるようになってきています。そして少人数からひとりのパーソナルスペースへと過ごし方も多様になっているように思います。

[13]新しい体験となる半外部空間（FD計画）

その日の気分や目的によって、それぞれに過ごすスペースも選べることが大切だと感じます。また小径、園路、街路は豊かなシークエンスを得られる空間となるのでウォーキングやジョギングなど心と身体の快適な環境を生み出す場に成り得ます。点・面・線のゾーニングによる歩いて楽しい、巡ることで楽しみを総合的に計画することが大切になります。施設から街へと広がり、合わせて企画、運営、仕組みづくりが大事だと感じています。心と身体とコミュニケーションを育み、さらに環境問題への適応を視野に取り込んだ壮大な基盤としてランドスケープデザインの位置付けは重要となってくると思います。

日本の豊かさ

日本は豊かな自然が育んだ資源に恵まれた国です。インバウンドを含め、美しさはいまの時代でも私たちに発見と感動を与え、再認識させられています。その土地らしさである人の暮らし・伝統・文化、そして水環境、風環境、植生、またアニミズムは日本の誇れる文化であると捉えています。私たちランドスケープアーキテクトはプロジェクトを通して自然への畏敬を感じ、土地と関わることで可能な限りその固有性を尊び、美しさ、豊かさの持続に努め、あるいは再生することに主眼を置かなくてはならないと考えます。国内外を問わず、そこを訪れる人への“もてなし”とそこに住まう人にとって“ここだから誇れる”を大切に捉えて行きたいと思います。

日本のデザインの表現

私は、その土地ならではの環境の見方と表現の中で直接的に示す場合とそのなかに内在しているものを突き詰めて抽象的に表現するという2つのアプローチがあると思っています。外資系ホテルプロジェクトで、フランス人のプロデューサーに言われたことで

将来のランドスケープアーキテクトに向けて。

すが『日本の美意識の源』を表現して欲しいと。それは伝統をそのまま表すのでなく、その“根底にある美”を表して欲しいというものでありました [14]。これは時代の動きを含め、日本の DNA を持つ日本人にしか昇華できない課題かもしれません。日本のアイデンティティである所作・振る舞い・眼差し・空間作法を含め、世界における日本の文化・芸術の重要な課題であると感じています。

ランドスケープデザインは総合的デザイン

すでに前段でも述べていて繰り返しになりますが、これからランドスケープの道に進む人に改めて伝えたいと思います。私は早くからデザイン畑を選び、学び、働きながら紆余曲折して、ようやくランドスケープデザインにたどり着きました。それまでに 15 年以上の歳月を費やしました。私にとってこの仕事は総集編であり、これ以上のデザインはなくこの世界は広がっていると感じました。大袈裟になりますが、人と自然との間で許される行為とは？ そこにデザインはあり得るのか？ 学生の頃から思案していました。その答えが端的にランドスケープデザインにあるな

[14] Garrya Nijo Castles Kyoto by Banyan Tree Group

どと言えることではないですが、非常に重要な位置付けにあるといまも感じています。
私のスタンスは、あくまでランドスケープにおけるデザインの可能性を求めて取り組むということです。ランドスケープデザインとは、さまざまなデザインの世界を許容し得る「総合的なデザイン」であると捉えています。また、多様な関わりのなかで成り立つものであり、場所との深い関わりを持ちます。あわせてさまざまなデザインレイヤーで答えを探り、シミュレーションしていくことが大切であると考えています。

実物に触れること、実際に体験すること

現地・現場に答えがある

現物を見なくても、触らなくても"モノ"の選定はできます。例えば、映画は映画館に行かなくても、あるいはコンサートは会場に出向かなくても家で観ることができますが、実際に観るのとは大違いで体験として捉えれば有か無かでまったくの別物です。感動するか、しないかの違いにもなりますね。そしてランドスケープにおいてもGoogle earth、また動画でもその場所を調べるだけでは、実際にその場所へ行かなければ誤解してしまいます。ましてや水、風はそこに立たなければ皮膚感覚として感じることはできません。繰り返しになりますが、現地、現場を五感で捉えることはその場所に望まれている重要な答えを得ることになると考えています。

様々な素材を知る

屋外で使える素材は室内に比べ、まだまだ少ないですが、環境配慮も含め少しずつ素材と仕上げが増えていると思います。屋外で使える素材を見る、手にしてみる、敷き並べその上を歩いてみることは重要です。屋外だけではなく、室内における素材についても興味を持ち、見て触ってみることが大切だと感じています。工夫次第で屋外にデビューさせることもできるのではないでしょうか。時代とともに表現の幅が広がり、エコロジカルな視野とともに空間に新鮮さが与えられると思います。

作り手、職人とのコミニケーション

私たちは、圃場、丁場、工房、工場、そして建設現場ではつくり手、職人の動きを制作過程やメンテナンスにおいても真剣に目を向けるべきです。設計チームとともに、このメンバーと視点を合わせコミュニケーションを図ることで質の高い空間を生み出し、新たな発見と表現、そして完成後も快適な空間の持続が可能になるような連携が生まれると思っています。

自然現象を見る、感じる

私自身、景色を映す光と影の変化や季節の移り変わり、雨や風の匂いなど感触を常に感じるように暮らしていきたいと思っています。時代を経ても常に新鮮な感性が育まれると思います。

いろいろと伝えましたが最後に、縁があって出会ったその場所には結局のところ、真剣に"ハマる"ことでさまざまな問題を乗り越えていけると思っています。その土地や敷地の土や水や植物に、そして空間づくりに"ハマる"。つくり手としてその姿勢をいつの時代でも大切に持ち続けたいと思います。
気持ちも、身体もそうありたいと願います。

sola associates

有限会社 ソラ・アソシエイツ
〒106-0031 東京都港区西麻布2-13-12 早野ビル401
TEL.03-6450-5573　FAX.03-6450-5574　E-mail:info@sola-associates.co.jp
H.P:http://www.sola-associates.co.jp/
設立／1998年7月15日
代表取締役／川村和広　　取締役／藤田久数

■STAFF
三井敦史｜石井麻美｜青木優里｜山下桃子｜髙林海音｜山田のどか｜アラタン・ウーラ｜櫻井耀介｜

■デザインアプローチ
自然光と人工光の2つの光を軸に空間を探求し、デザイン・計画・設計を行う

■業務内容
LANDSCAPE × LIGHTING × ART
ランドスケープ、ライティング、アートを主軸としたデザインの提案

■主なランドスケープPROJECTS／1998～2024
｜**1998年**｜宮崎武道館、北海道南西沖地震慰広場　｜**1999年**｜宮城県産業技術総合センター　｜**2001年**｜警察大学校　｜**2004年**｜山梨県立博物館　｜**2005年**｜愛・地球博 EXPO DOME 周辺　｜**2006年**｜八千代庁舎　｜**2007年**｜仙台白百合女子大学　｜**2008年**｜根津記念館　｜**2011年**｜国立科学博物館、あきたチャイルド園　｜**2012年**｜パレスホテル東京、新宿イーストサイドスクエア　｜**2013年**｜JR神田万世橋ビル　｜**2015年**｜カスケード原宿、TOTOミュージアム、旧軽井沢ホテル　｜**2016年**｜JR新宿新南改札前広場、東根市公営文化施設まなびあテラス　｜**2017年**｜台北南山広場　｜**2018年**｜SHINKA、ザ・サウザンド京都　｜**2019年**｜岩槻人形博物館、ダーワ・悠洛 京都　｜**2020年**｜ギャリア・二条城 京都、イケ・サンパーク、丸の内テラス、TOKYO2020馬事公苑　｜**2021年**｜日環アリーナ栃木、川口市立高等学校　｜**2022年**｜大手町skyLAB、ØST RESIDENCE KARUIZAWA｜**2023年**｜ザ・リッツカールトン福岡　｜**2024年**｜ 五反田JPビルディング、OMO5東京五反田by星野リゾート

イケ・サンパーク

川口市立高等学校

SHINKA

カスケード原宿

ØST RESIDENCE KARUIZAWA

山梨県立博物館

写真：上段左＝Forward Stroke Inc.、上段中＝Blue Hours／沖 裕之、上段右＝藤田久数、下段左＝Nacasa＆Partners Inc.
下段中＝川澄・小林研二写真事務所、下段右＝宮川昌之

IMAGINATIVE LANDSCAPE

アクリル画・写真＝上門周二

上門周二　ランドスケープアーキテクト。鹿児島県種子島生まれ。春は森でヤマモモと野いちご採り、夏は珊瑚礁の海で魚たちと戯れ、川エビ捕りに勤しみ、冬はサトウキビ畑で収穫を手伝い、強烈な自然体験と原風景を胸に東京へ出る。1990年以降、ランドスケープアーキテクトとして自然と人間との共生をコンセプトに日本及び海外で都市計画やランドスケープデザインのプロジェクトに関わっている。2015年よりアーティストとして、これまでの活動から得たインスピレーションをもとに「IMAGINATIVE LANDSCAPE」をテーマとしたドローイングによる作品を制作している。

個展より

子どもの頃よく目にしていた切り株は、私にとっての原風景とも言える。人の手によって一旦は成長を終えたものの、そこからは再生しようとする生命力を感じていた。切り株の断面は、好きなモチーフのひとつである。キャンバスに描かれた切り株を自然の森に置いたとき、この切り株が"木"として生きてきた歴史に想いを寄せることができた。

キャンバスにアクリル絵具
サイズ：F120号（1940mm×1303mm）

この作品は、動画で見ることができます。
www.anetos.jp/jp/artwork.html

風憩の風景
ふうけいのふうけい
Landscape of wind and relaxation
NEW YORK

文・写真＝渡辺 博

ハドソンリバー・グリーンウェイ ミートパッキング

パーゴラ　右向き　左向き

自転車専用道路ハドソンリバー・グリーンウェイには、ハドソン川に突き出た埠頭を再整備して広場にしているところが数多くある。この写真の広場にはリラックスベンチとセットでパーゴラが設置されていた。面白いなあと思ったのが、ベンチの向き。左側の景色のみ見られるように置かれている。この場所からは、右を向いても左を向いても、見えるのはニュージャージーのビル群と手前にはハドソン川。ただし左の方には遠くに自由の女神が見える。だからかなあと疑問符付きではあるが納得した。写真の左が南、正面が西。ベンチに寝転ぶと、ほぼ１日中太陽が照りつける。従って常にベンチに影ができるようにパーゴラは左に寄っている。正面から太陽が照りつける夕暮れ時、ベンチに寝そべって首を右に振ってサンセットを眺めた。

2024年10月、ニューヨークへランドスケープファニチャーの視察に出かけた。スマフォ片手にレンタルサイクルで巡るぶらり旅ながら、観光では見落としがちなナマのニューヨークに触れることができ、たくさんの刺激を受けた。ニューヨークレポートは、YouTubeで動画を公開しています。
「風憩セコロ FUKEI-SECOLO Channel ／@fukei-cecolochannel4325」

ロウアーマンハッタン Futon St

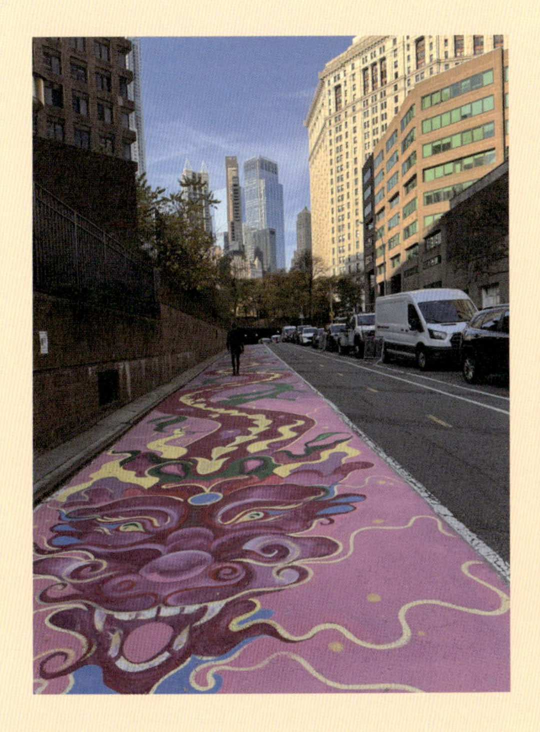

ビストロチェア　アイコン　広告

カーン氏の「ストリートファイト」(注)の中に塗料の話が出てくるのが気になっていた。「……熱可塑性樹脂塗料（舗装に直接塗られるポリマー塗料）あるいはアクリル変性エポキシ樹脂塗料……」。これはアスファルトに直接塗って車道を歩道に変えたり、自転車レーンやバスレーンに改良する方法について述べている箇所の一文です。この写真はアスファルトに上記の塗料で絵を描いて歩道にしている様子で、元は車道だったところを自転車レーンと歩行者レーンにしたと思われる。この街を歩いて感じたのは歩道が車道より高くなっていない場所が多いということ。おそらく、元車道を歩道に変更したところが多いからではないかと思った。バスレーンの赤色、自転車レーンの緑色は定番である。屋外の場合、天井と壁を変えることは簡単なことではないが、床（道路の表面）は簡単に設えることができる。アートで表現された歩行空間は、歩きたい衝動に駆られる。

(注)元ニューヨーク市交通局長ジャネット・サディク＝カーン、セス・ソロモノウ著　監修･訳：中島直人　訳：石田祐也、関谷進吾、三浦詩乃
「ストリートファイト～人間の街を取り戻したニューヨーク市交通局長の闘い」学芸出版社／2020年発行

NIKKOのファニチャー

カタチヅクル

設計者の思いにこたえるクラフトコンクリート

日本興業株式会社

本社 〒769-2101 香川県さぬき市志度 4614-13
TEL (087)894-8130 FAX (087)894-8121
https://www.nihon-kogyo.co.jp

ホームページ

HANDY TECHNO

日本橋三越本館屋上

福岡空港

本の森ちゅうおう

100%リサイクル再生木材『ハンディウッド』

脱炭素

100%リサイクルと容器包装リサイクルを尊守することでCO_2削減効果を実現！

環境製品宣言ラベル「SuMPO EPD」取得

ハンディテクノ株式会社

TEL.03-5784-3913　FAX.03-5784-3937
https://www.handy-wood.com

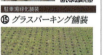

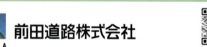

顧客の期待を超える体験や価値を提供し
成約率アップにつなげる
設計・提案に最適なツール
ランドスケープ総合提案 CAD
RIKCAD 12
Exterior garden lifestyle designer
RIKCAD × Twinmotion
株式会社ユニマットリック
www.rikcorp.jp
Head Office Aoyama／〒107-0062 東京都港区南青山2-13-10 ユニマットアネックスビル5F
仙　台／022-713-8434
東　京／03-6273-1870
名古屋／052-533-2770
広　島／082-544-3225
福　岡／092-419-2740
（R&Dセンター

RYUKYU HOTEL & RESORT
NASHIRO BEACH
THE HOTEL SANRAKU KANAZAWA
憩いの水景
ROKU KYOTO
LXR Hotels & Resorts
〈水景環境演出〉〈環境造形〉〈環境改善〉の 企画・設計・制作・施工・保守
Water Design
株式会社 ウォーターデザイン
www.waterdesign.co.jp
本　店〒105-0004 東京都港区新橋 6-9-2 新橋第一ビル
TEL (03)3431-8070(代) FAX (03)3431-8116
東京本社・大阪営業所・福岡営業所・東北営業所